『十二五』国家重点图书出版规划项目

国家出版基金资助项目

国家出版基金项目
NATIONAL PUBLICATION FOUNDATION

民国乡村建设

晏阳初

华西实验区档案选编·经济建设实验

⑨

目录

二、农业（续）

农业教材、须知

農業輔導手冊

(一)本區之地理環境

1.(甲)地形
(A)A.山脈
(B)B.河流
C.土壤
D.地勢

2.(乙)氣象
(A)A 溫度
(B)B 雨量
(丙)C 濕度 [蒸發量]
(丁)D 相對濕度 [蒸發量]

(二)本區之農業概況

1.(甲)人口與耕地

2.(乙)作物與牲畜

(三)本區之農業工作

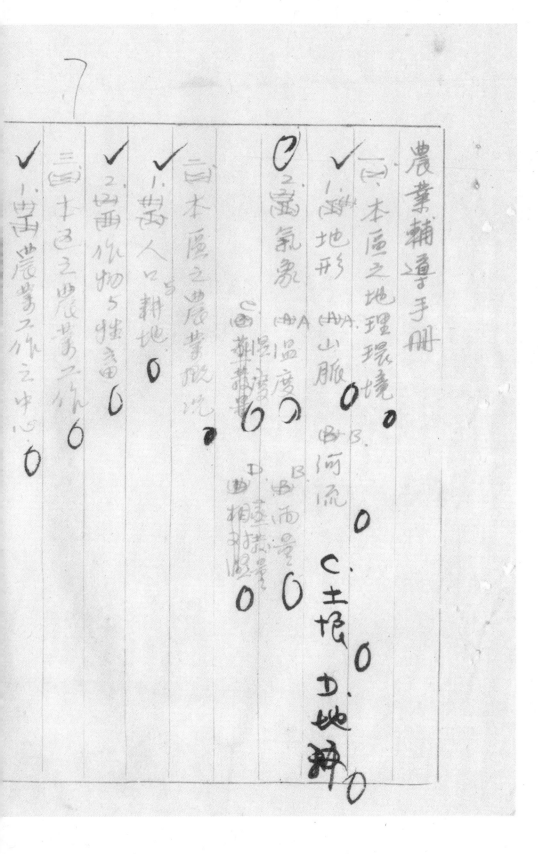

1.(甲)農業工作之中心

2.(四) 推廣制度之建立（輔導區）

3.(四) 農業工作之推進

4.(四) 農業推廣繁殖站之設置

(四) 農業之參考資料選集

1.(五) 改良稻种

2.(五) 改良麦种　唐

3.(五) 推廣南瑞苕　杜

4.(五) 推廣小米桐　杜

5.(五) 栽培美蔴

6. 栽培甜橙　蘇

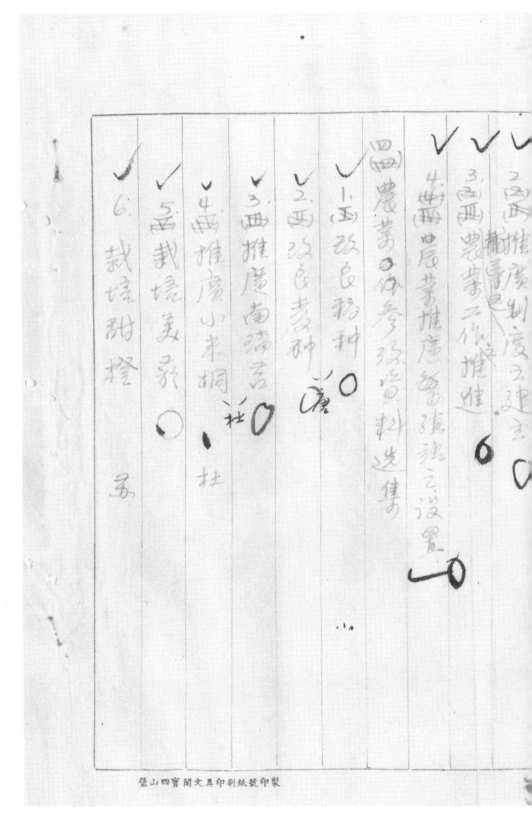

璧山四寶閣文具印刷紙號印製

8

✓ 7. 种猪飼養 ○

✓ 8. 稻田養魚 ○

✓ 9. 獸疫防治 ○

✓ 10. 病虫防治 ○

✓ 11. 栽種蔬菜 唐

✓ 12. 小型水利 孟

(五) 附錄

✓ 1. 氣象農作月曆

✓ 2. 度量衡折合表

璧山四宝阁文具印刷纸號印製

华西实验区农业辅导手册 9-1-1（20）

前言

同志：

鄉村建設是一個新興的事業，也是一件偉大的工作，是勞苦農民迫切的需要，也是復興農村基本的要求。我們都是鄉建工作者的朋友，能有機會深入了農村，接近了農民，也許會對於中國的農業問題有更深認識，更多經驗，因為事實的需要，本部又新成立了農業組，負責推動全區各地的農業改進工作，在辦公室裡我們設備辦法知道各地農情的概況，人力和時間的限制也不允許我們親到各地去作實地和詳盡的農情調查，所以我們很好請各地參加工作和學農的朋友貢獻我們一些寶貴的經驗和資料，以供未來推動工作的參攷，全區農業概況調查的表格正在編印中，將後

[illegible]
繁各位在工作中所遭遇之困难问题以及在乡间所需要之参考资料均请详细填明寄下，我们当尽力代为解决。现在农业组工作之同仁更愿常待各位之指教。附上调查表请速填明寄交本组为祷。此祝
健康并祝
工作胜利

我们都希望多找一点实际的资料，藉以明瞭本区一般的农业概况，但因人力时间的限制，无法亲到农村详尽的实地调查，现在只将已经搜集的资料编成这本农业辅导手册，以供各区农业工作同志的参考，并为庆祝本区成立三週年纪念，谨此奉献给
诸位同志　敬待指正

—编者—

华西实验区农业辅导手册 9-1-1（22）

12. 18 3 1. 一 (一) A. (1) a.

一、本区之地理环境

1. 地形：本区位于四川省中南部，南与贵州接壤。全区十县一局，地在偏南，显亚热带气候。距海颇远，处西南腹地，海气输送不易，飓风侵入极难；区内丘陵起伏，土质赤黄，为四川盆地中部东南，属嘉以西，沱江以东地带。嘉陵江源出陕甘，南流至合川，与涪江会合流入长江。山势由北而南，或由西北走向东南；至华蓥为高，逾一千公尺，山岭分离，山间阜仅高五十至二百公尺，多为岗峦起伏、不平之丘陵地带。本区海平高度以嘉陵江、涪江河谷及长江沿岸最低，约二百至四百公尺，余地多在四百至九百公尺之间。

(一)山脉：本区内山岭均为北斗层所组成，……

遂峡涧为上游之明月峡 略办

山华蓥山——略办

(4)西山 —

(5)宝峰山 —

(6)双凤山 —

(7)巴蓬茶山 —

(8)燕头山 —

(二)河流：本区之主要河流有三、

西以长江为其明确的界坝

(1)长江 —

(2)嘉陵江 —

(3)梁河 —

(4)[illegible]江 —

(5)[illegible]江 —

(6)小安溪 —

(7)[illegible]河 —

十坝

壁山四寳閣文具印刷紙號印製

嘉陵江沱江下游间煤田　李春昱等　二十七年

四川省地质调查所
矿产专报第一号

13

地形

山脉部分：

本区内山岭均为背斜层所组成，作东北西南向，以合川县小河之华蓥山为峰，高出海面一千五百六十公尺，向西南分歧，高度渐减，山脉渐不显著，以进于邱陵地形。华蓥山之南最著者为龙王洞背斜层，至江北县兴场成云寺，渐渐消没，去白某镇。越嘉陵江，次西为观音峡背斜层，北起合川县三汇坝，中经北碚、土沱间，嘉陵江向南再经磁器口、白市驿、铜锣峡、猫儿峡、长江之南。更西为温塘峡背斜层，北起太和场，南至江津之曲场长江北岸大新场，中经璧山与巴县之青木关。宋风场最西为历峰峡背斜层，此自三汇坝与观音峡分支，经盐井溪、马坊桥以至花果山，与璧山、铜梁、永川之背斜层会。向南经永川县之箕山为历峰峡，此背斜层之一支，永川县之西山在铜梁则称为东山，自身为一背斜层，介于永川、大足与铜梁三县之间。永川县城之南有黄瓜山，与前者不相连，其西北更有小山岭，北起双石桥，南经新店子，以至挑山坳，长约十余公里，自挑山坳之西北起，西南与之平行为古佛山，平行于其西北者为石燕桥、螺观山背斜层，均为本区最西之山岭。

[illegible]

故可稱為邱陵地形。

華鎣山之東為銅鑼峽背斜層，由東北南下，經[illegible]，過長江，而達魚洞鎮，形成重慶南岸諸山。

本區最東為明月峽背斜層，或稱東山，過長江為木洞上游之明月峽。

河流

本區之主要河流有三：~~[illegible]嘉陵江横穿諸山~~，構成~~三峽~~，~~經合川至重慶~~。長江幹流由西南而趨東北，嘉陵江與渠江、涪河在合川相合，自南横穿諸山，構成三峽，直趨重慶，順流而下，運輸稱便。綦江河則在長江之南，由東南而趨西北。區內小溪細流甚多，但少舟楫之利，諸水均由四周流向中心，而以長江為其歸宿。

14

山脈

（1）華鎣山—脈自宣漢達縣来，綿亘於本區合川（慶合鄉、石龍鄉）江北（中興鄉、同仁鄉、偏岩鄉、太平鄉、静观鄉）及第十區之長壽、鄰水、廣安；第十一区之岳池各縣西南，據為三支，蹄嘉陵江構成嘉陵三峡（鹽井峡、温塘峡、观音峡皆在北碚），平均高度一千公尺，主峯在廣安、岳池、鄰水三縣向，高出海面一千五百公尺。

（2）東山—自~~[illegible]~~本区璧山、合川兩縣边境之嘉陵江岸笔架山、九峰山起，蜿蜒西南行，绵亘於本区壁山與铜梁边境，至永川之九龍場分为二支，一支沿永川與铜梁边境，西南行称箕山，止於永川之时和鄉；一支沿永川與壁山边境，南行称横断山，至隆宥鄉称云雾山，止於永川之聚奎鄉，一般高度九百公尺，主峰为永川與铜梁间之老箐镇，拔海一千二百公尺，至黄瓜山乃此餘脈。

(3) 黄瓜山——自本区永川縣城南之西龍鄉起，蜿蜒西南行，经文峰、双凤、五间、仙龍各鄉，而止於吉安鄉，一般高度六百公尺，主峯为文峯鄉之象鼻嘴，拔海八百公尺。

15

(14) 西山——自本區銅梁縣城南之玉龍鄉起，蜿蜒西南行，称巴岳山，绵亘於銅梁、大足兩縣边境，而止於永川之太平鄉，自永川之双石鄉復起，蜿蜒西南行，称陰山，经新店鄉、羅漢鄉、永興鄉，入榮昌境，经双河鄉而止於清河鄉，巴岳山与陰山統称西山，一般高度八百公尺，主峯为銅梁縣福果鄉之白家嶺，拔海一千公尺。

(15) 寶峯山——自北碚澄江鎮之缙雲山起，蜿蜒西南行，绵亘於巴县璧山两县向，至璧山青木关，称宝峰山，至巴县曾家乡称虎峰山，至璧山江津（临峰乡）向称华盖山，止於江津德感乡之仰天窝、笋溪坪山，一般高度六百公尺，主峰为虎峰山，按海一千公尺。

（六）双寨山——自巴县接龙乡之石岭山起，东向延至巴县花桥乡，称双寨山，折而向北，县亘於巴县与第八区之南川县向，止於巴县丰盛乡之尖峰岭，一般高度六百公尺，主峰双寨山，海拔九百公尺。

（七）巴蕉辽山——巴蕉辽山，位於本区綦江县与贵州省桐水县之边境，蜿蜒西北行，县亘於本区江津与綦江之边境为老龙

华西实验区农业辅导手册 9-1-1（30）

16

坪、紫荆山，止於綦河流域之木瓜溪。

(8) 燕頭山——自江津與貴州鰼水縣边境起为四面山，向西北延歸亘於江津与合江之边境为白馬山、燕頭山，而止於石蟇鄉之登雲山，一般高度八百公尺，主峯在江津三合鄉之白馬山，拔海一千公尺。

河流

(1) 長江——源出青海，称金沙江，南流横貫西康會雅礱江，東北流至宜賓，會岷江始称長江，東流經瀘縣、合江等縣入本區境，經江津、永川、巴縣、江北等四縣，出本區境，而東流入海。

(2) 嘉陵江——源出甘肅嶓冢山，称西漢水，流入陝西，會東河称嘉陵江，經廣元、南充、武勝等縣，入合川縣境，會渠河及涪江，復南流經北碚、江北、巴縣至重慶入長江。

(3) 渠河——源出川北米倉山，會南江通江南下，過渠縣、廣安、岳池入本區合川縣境，匯入嘉陵江。

(4) 涪江——源出松潘，經平武、江油、綿陽、三台、遂寧入本區合川縣，匯入嘉陵江。

(5) 綦江——源出貴州桐梓縣，經松坎西北流，橫貫本區之綦江、江津兩縣，至綦江縣之三溪鄉，會蒲河，江津之夔溪鄉會筍溪河入長江。

(6) 小安溪——源出本區永川之陰山（即西山），東北流入銅梁，會大足之淮遠河（亦稱玉龍河），至合川注入涪江。

(7) 棠香河——源出本區之大足縣，西南流入榮昌，稱瀨水，至七區之瀘縣，注入沱江。

18

C.土壤：本区土壤多为幼年紫棕壤，或称紫棕色森林土，其特性为轻度酸性或中性，紫棕色、棕色或红棕色表土所合成，厚十五至三十公分，其下则有紫色或红紫色黏土或粘壤土，深达三十至一百公分以上不等。除山坡凹处及人工梯田之外缘外，土壤深达三十公分以上者，殊不多见。其母质系紫色与紫红色页岩、泥块岩及砂岩，母质多属软性，易于风化成土。一面土壤迅速生成，一面新生土壤随冲刷而去，故成土与冲刷两种作用适足抵消，且因土壤甚浅，农民每当耕作时，辄掘其下之软性页岩及砂岩，敲碎土中，俾速成为土壤。

土壤水分大抵来自细雨或灌溉，故能不因急雨而淹浸，旱而免龟裂，而常保持湿润状态。若其不然，则今日大部丘陵高地均遭毁弃冲刷作用。

在狭小谷地及坡地内，无论何处，如有水源可资灌溉，则紫棕色土壤皆种水稻；且以其地终年淹水，故拥有灰色斑点，凡常保湿润之谷区，紫色渐褪为灰，土壤渐失紫色，而多带有锈斑。紫色土区域之不能灌溉者，则种红苕、玉米、小麦、蚕豆、棉花及其他旱地作物。此等未经灌溉之土地，均已建为倾斜之梯田，以防土壤冲刷，然因其作物行列，不循自然之等高线，而依山上下，這合於田之耕耘季節，[illegible]此乃在便利排水；
常見農民將坡中剛之土壤，運回山上，返還原田。

四、地文：本區壩田夏季主產水稻；冬季多產小麥；山地則產紅苕、玉米、高粱；較高山坡，盛產桐、竹、[illegible]。附近常見岩石山坡上之小塊土壤，均栽玉米。山坡近城之大部份，堆成土壤較厚，多已建為梯田，以種水稻。山地耕種面積之大，至足驚人，多數均為邊際土地，生產低減，農家殘缺，農民生活特苦。

自然植生，重要樹木多為松、柏、杉、樟、橡、竹、等，普通果產多為柑、杏、桔、梨等，特產則為桐樹。

區內運輸，多賴人力；但凡可流可航之地，船運極為重要。外界事務接近不易，運輸要道，惟賴長江；公路暢通之地，運輸為便。農產多在區內銷售，桐油、豬鬃則為本區外銷之主要貨源。

璧山四寶閣文具印刷紙號印製

2、氣候：本區各縣地居溫帶，接近亞熱帶氣候；

（1）[illegible]年平均溫度達攝氏二十度，若有[illegible]月

以上，每年平均溫度亦均超過攝氏十九度，每年春季均在二十五度以下，

（2）氣[illegible]每年春均在十四至十六公度之間；溫度平均頗大，普通在

在百分之七十七至八十六之間，常年氣[illegible]極為濕潤。

本區內各縣一月份平均溫度皆在攝氏[illegible]度以上，最低

溫度平均在攝氏二度以上，最[illegible]溫度[illegible]

而最熱月份七八月平均溫度皆在攝氏二十七度以上，最高

溫度平均多在三十六至卅八度之間；冬暖夏熱，故為農

全區各縣全年降水總量，[illegible]普通降水

量[illegible]四〇七，[illegible]而且夜雨特多，[illegible]

（其江最高為一九·四度，細學最低為十七·六度；）

8　20

附表一（稿也）（大足最低为六・六度，江津最高为八・八度）；（荣昌最低为二七・四度，璧山最高为二九・〇度；八月份平均温度江津最低为二九・八度，江北二九・四度，綦江二九・二度。）

（二）雨量——本区各县全年雨量平均为八二七・九公厘，江北最多为一三二〇・三公厘，铜梁最少为三二七・三八公厘（二十七年一年之记录），全年雨量集中在夏季，占百分之四七・二，冬季之雨量仅占百分之四・七。

（三）湿度——附表二　本区各县全年相对湿度平均为八一・七，永川最低为七七・五，合川最高为八六・二。

（四）云量——附表三　本区各县全年云量平均为五二・九，綦江最低为三三・八，江北最高为八一・六。附表四

（五）[illegible]

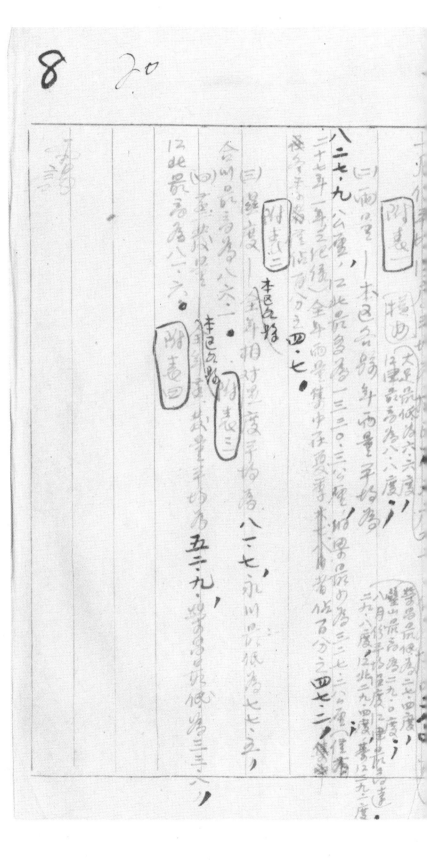

1本　21　9-1-1

二、本区之农业概况

1.人口与耕地

全区十县一局，根据三十六年四月省民政厅所统计，人口总数为五二九.五三

其中农民佔百分之八一.四，约共八〇万三，四四〇万人，自耕农佔百分之三一.八，佃农佔百分之四四.七〇，北碚管理局特殊，农民人口仅佔百分之三四.七，其中自耕农佔百分之五六，佃农佔百分之三三。

全区土地总面积共为六八，三〇八，七七九市亩，耕地面积共佔（佔百分之三三.八，）九，五五四，三〇一市亩，其中水田佔百分之五五.一，旱地佔百分之四四.九，荒地面积共为八七七，六四〇市亩。

附表四　各县人口与耕地面积统计表

米作物与杂粮

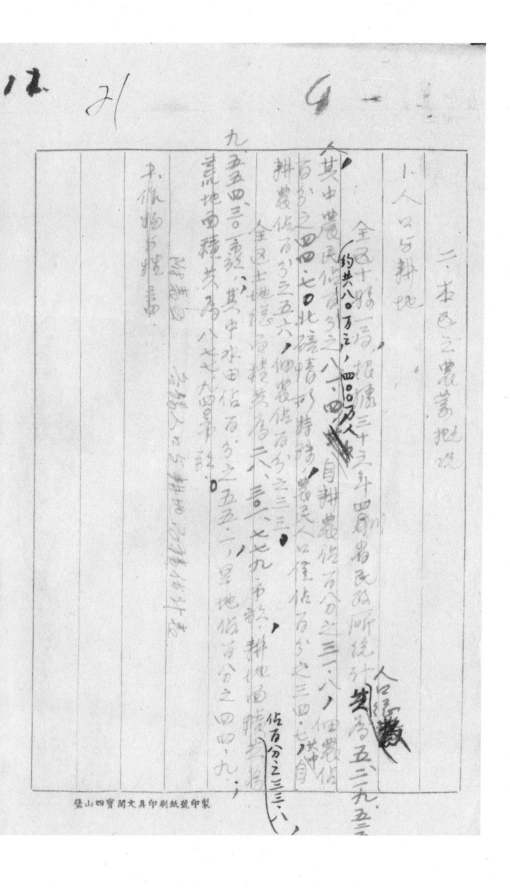

璧山四宝阁文具印刷纸号印製

华西实验区农业辅导手册 9-1-1（38）

22

附表五 各縣人口与耕地面積估计表

縣名	全縣人口	農民（%）	自耕農（%）	佃農（%）	土地總面積（畝）	耕地面積（畝）		荒地面積（畝）
						水田	旱地	
巴縣	810,934	83.4	17.5	67.5	4,375,680	1,382,400	230,400	186,570
璧山	338,153	86.3	42.5	38.0	1,066,395	306,063	390,169	41,700
銅梁	393,397	79.9	40.0	50.0	2,217,750	676,823	392,786	29,600
合川	704,472	77.8	33.2	47.0	4,259,415	588,300	588,300	128,500
江北	540,726	85.2	30.0	52.5	3,250,635	497,612	592,239	91,650
綦江	403,993	80.7	42.5	40.0	2,758,605	400,011	399,211	91,060
江津	839,633	82.0	15.0	51.0	4,878,885	339,739	369,049	167,490
永川	354,968	82.5	25.0	15.0	1,932,570	278,692	597,197	83,470
榮昌	347,150	79.4	40.0	45.0	1,348,920	264,420	484,770	25,600
大足	364,431	76.3	32.3	41.3	1,973,790	483,840	161,280	29,150
北碚	121,668	34.7	56.0	33.0	239,134	46,816	84,184	3,150
總計	5217,525	81.4	31.8	44.7	2830[illegible],779	4289555		877,940

5264716

13

[illegible]五四，水牛黄牛合共六四万头，[illegible]平均每户有牛三头，全区养猪约共二〇〇万头，平均每户有猪六五头，全区养鸡约共四〇〇万只，平均每户有鸡五只，北碚现有耕牛一四六八头，养猪一九五二四只，共[illegible]他性畜数目不详，故未列入计算。

二、作物与特产

冬季作物以小麦为主，全区栽培面积共为一二三万市亩，常年产量二〇一万市担，主要产地为巴县江北，每亩产量平均为一六四市斤。其次为蚕豆，全区栽培面积共为一〇九万市亩，常年产量一二六万市担，主要产地为江津江北，每亩产量平均为一一六市斤。大麦豌豆[illegible]全区产量约八十余万市担。

夏季作物以水稻为主，全区栽培面积共为三二六万市亩，常年产量二七四〇万市担，主要产地为合川江北巴县，每亩产量平均为三六〇市斤。玉米栽培面积共为五二万市亩，产量一一八万市担，以江北栽培最多，每亩产量平均一二四市斤。高粱栽培面积共为三五万市亩，全区产量九一万市担，以合川[illegible]。甘薯栽培面积共为四七万[illegible]，每亩可产五〇〇市斤，全区产量二三一万市担，以[illegible]。全区烟草栽培面积[illegible]产量约共六万市担，以江津巴县为中心。

特产柑橘以合川江津巴县为中心，全区共有柑橘八〇万株，年产一一三六五万枚，为全县产量之半[illegible]万市担，以合川江津巴县[illegible]栽培最多。其他如[illegible]之蔗糖[illegible]，[illegible]之[illegible]，[illegible]之[illegible]，缙云山之茶，[illegible]之蓝花，永川之豆豉，[illegible]之[illegible]，[illegible]之蔬菜，北碚之[illegible]，[illegible]之[illegible]，均[illegible]。

[illegible]

华西实验区农业辅导手册 9-1-1（40）

23

附表六 各县主要作物栽培面积估计表

县名	冬季作物					夏季作物				
	小麦	大麦	蚕豆	豌豆	油菜	水稻	玉米	高粱	红苕	烟草
巴县	187	64	144	67	115	381	53	27	64	7
璧山	85	97	89	37	51	286	36	56	26	1
铜梁	102	52	76	28	30	313	50	19	35	1
合川	112	46	118	118	171	394	46	65	52	—
江北	169	65	172	72	35	435	174	41	19	1
綦江	62	13	13	13	8	73	20	26	33	11
江津	122	26	272	33	61	458	45	25	50	20
永川	75	51	30	24	102	268	55	37	24	1
荣昌	124	50	66	65	109	269	6	41	87	2
大足	160	1	46	40	77	315	1	11	36	1
北碚	29	11	45	13	2	41	31	392	39	0
总计	1227	476	1091	510	761	3263	517	350	465	45

材料来源：四川省农业改进所三十七年调查　单位：千市亩

14

附表七　各县主要作物常年产量估计表

县名	冬季作物					夏季作物					~~棉花（千担）~~	~~柑橘（千担）~~
	小麦	大麦	蚕豆	豌豆	油菜	水稻	玉米	高粱	红苕	烟草		
巴县	330	88	192	90	122	1,536	134	71	420	11	~~2350~~	~~9096~~
璧山	144	136	131	59	45	1,090	72	145	134	2		
铜梁	175	69	93	42	30	1,121	110	50	175	1		
合川	183	58	152	161	171	1,684	88	170	217	—		
江北	336	94	230	98	38	1,699	392	107	108	1		
綦江	102	14	14	15	7	259	41	67	248	19		
江津	200	30	326	43	47	1,401	66	64	167	22		
永川	137	70	41	37	98	1,121	145	96	132	2		
荣昌	184	63	77	80	73	985	9	106	381	3		
大足	175	1	42	36	46	729	1	29	150	1		
北碚	43	16	65	17	2	112	49	3	178	—		
总计	2009	639	1363	678	679	11,737	1107	908	2310	62		

材料来源：四川农业改进所三十七年调查　　单位：千市担

璧山四宝阁文具印刷纸号印制

华西实验区农业辅导手册 9-1-1（42）

附表八 各县果木特产及牲畜数目估计表

县别	果木特产		牲畜数目（千头）						
	柑桔（担）	桐油（担）	水牛	黄牛	猪	羊	鸡	鸭	鹅
巴县	2350	9,096	94	27	457	51	892	384	36
璧山	10	934	16	11	101	60	213	91	17
铜梁	—	6251	41	8	172	13	277	121	6
合川	4520	14,915	34	47	331	181	812	257	44
江北	—	3,509	57	14	328	51	654	145	41
綦江	362	1,556	55	19	98	8	165	112	4
江津	3,620	9,922	68	6	160	92	373	260	17
永川	—	116	49	12	146	49	166	135	5
荣昌	—	—	38	7	116	15	217	29	14
大足	—	—	26	11	80	7	135	41	8
北碚	503	1,772	—	—	—	—	—	—	—
总计	11365	48,071	478	162	1985	527	3904	1575	192

24

15

华西实验区农业辅导手册 9-1-1（43）

25

三、本區之農業工作

1、農業工作之中心

(一)組織農家，設置農業推廣繁殖站，建立良種推廣制度。

廣副廣

(二)輔導農業生產合作社，推廣繁殖良種，改進農業技術，增加農業生產。

(1)普及良種之合作繁殖。(2)推廣良種之按生收購。

(1)稻麥、棉、甜橙、蔬菜等種苗之繁殖推廣。

(2)雞鴨魚苗之繁殖推廣。

(3)種豬飼養改良及耕牛貸款增殖。

(4)豬病害及家畜獸疫之防治。

(5)小型水利工程之勘查及貸修。

(6)水土保持及牧草推廣。

(三)自然環境及農業概況之研究調查：

(1)全區自然地理之調查。

(2) 各区[illegible]之[illegible]。

(3) 土壤分布及土地利用之概况调查。

(4) 农场经营之调查。

(5) 农业区域之划分。

(6) 本区农情报告。

2. 推广制度之建立：

近十数年来，国内农事研究机关及各大学农学院育成之各种作物改良品种数量，然以建立推广制度，未能继续，致良种良法，迄未普惠农民。本区良种推广制度之建立，旨在保持品种之高度纯洁，分为三部，各由研究、繁殖及推广之机构组织分别负责推进。

(一) 繁殖原种：须由中农所北碚场负责，合作繁殖，纯度保持为百分之九十八。

(二) 原种：须由中农所北碚场，川农所合川场及乡建学院农场分别负责，繁殖原种，再供推广种繁殖之用，纯度必须保持百分之九十七。

暨山四寶閣文具印刷紙號印製

7　26

（三）推廣种子：推廣种子之繁殖，委由各鄉農業推廣所負責，惟因縣推廣所人力財力所限，農推所多已裁併，擬仍由各輔導區現已成立之繁殖站四二十四處，組織表証農家，直接委由農民担任此項工作，接受各繁殖站之監督指導，嚴行田間去雜防劣，保持純度百分之九十五，先經大量繁殖，再作普遍推廣。全部良种之推廣系統及合作機關聯繫如下圖：

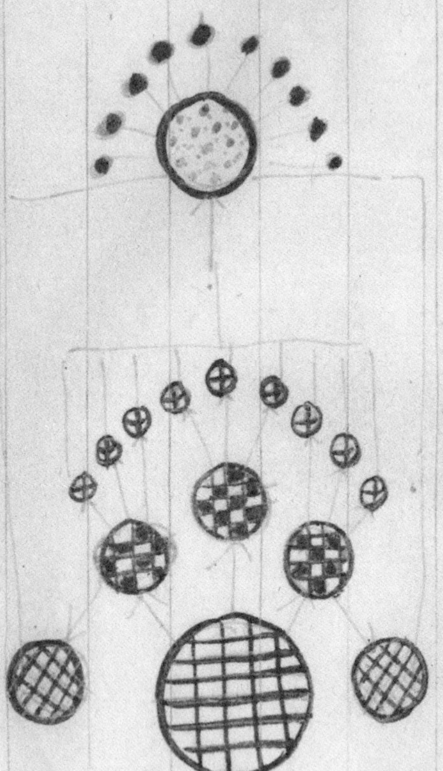

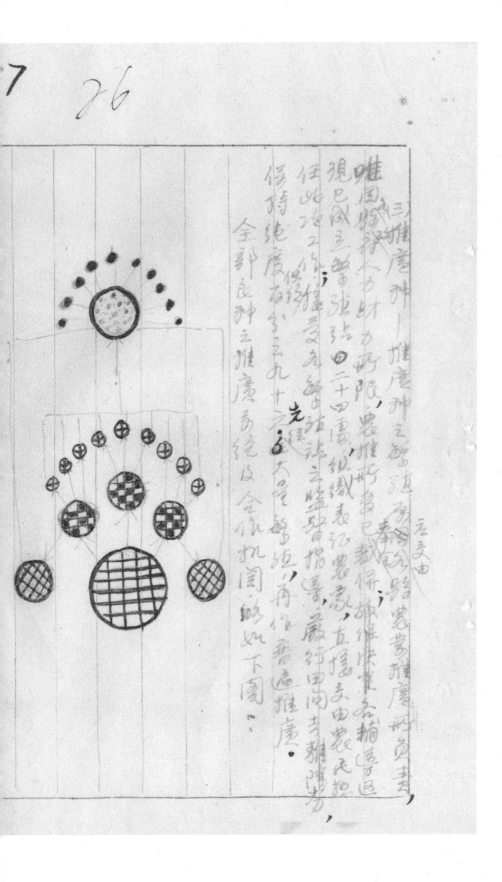

● 原种繁殖场
(1) 中农所北碚场
(2) 川农所合川场
(3) 乡建学院农场

丙.

● 县（乡）农业推广所

⊕ 各区农业推广繁殖站

● 农业生产合作社

● 生产农民（合作社社员）

丁、辅导系统

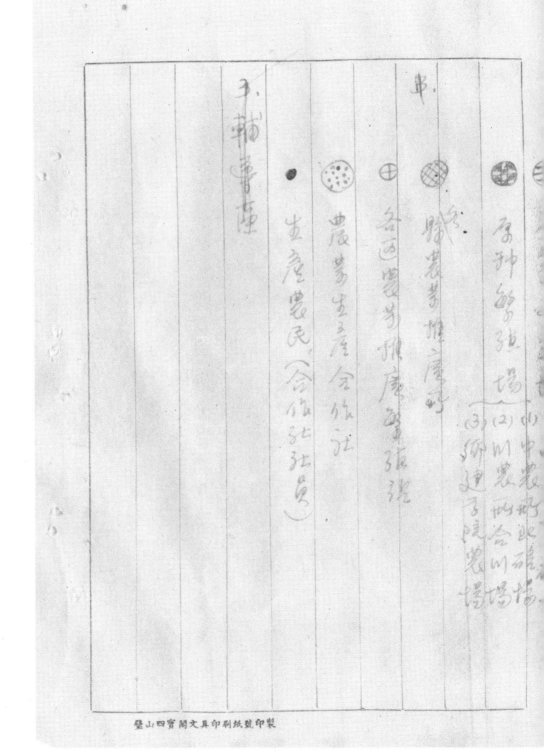

璧山四寶閣文具印刷紙號印製

华西实验区农业辅导手册　9-1-1（47）

18

27

3. 輔導區農業工作之推進

各輔導區農業工作推進辦法

(一) 本區農業工作之目的，在求輔導生產農民應用科學知識，採用良種良法，以改進農業，增加生產。

(二) 為達成此項目的，應根據下列原則開展農業工作：

(1) 以繁殖站為中心，進行農業推廣工作。

(2) 以實際工作表證，啓發農民改良農業興趣。

(3) 配合本區傳習處與農業生產合作社之工作進行，以有組織之教育活動，灌輸現代農業知識。

(4) 一切推廣工作均需由本區工作同志直接施與生產農民，爭取當地之各種組織協助與便利，但不宜假手他人，以防工作變質。

(5) 採取重點主義，逐步開展工作。

(6) 各項工作之進行，應本總辦事處之指示，擬定具體計劃，充分準備，及時開展，以求時效，並需按時檢討，以求時效改進。

(三) 每一輔導區設一繁殖站（設置辦法按過去規定辦

指派習農或兼代再報請總辦事處核派。

(四)繁殖站負責人之工作，依份及項目規定如下：

(1)組織表證農家，作良種良法之實地指導。

(2)調查繁殖站所在地與本輔導區各鄉，及北碚、歇馬鄉、璧山等地之交通工具、力資等，報告總辦事處農業組，俾便推廣材料之輸送參考。

(3)對推廣之良種良法，應隨時作詳細之記載。

(4)對當地土種土法及農諺，應向有經驗之老農切實詢問與記錄。

(5)每月巡迴各鄉一次，俾獲得農民實況之瞭解，並相機進行輔導農業工作。

(6)建立農業情報網，及時轉報總辦事處農業組。

(7)設計並推進各種農業教育活動，如農業展覽會、生產競賽、農業講習、影音施教等。

(8)編輯各種農業傳習教材，實行教學，普及農業教育。

19 28

（10）（9）簡單氣象之觀察與記錄。
依據上述項目擬定具体工作計劃與步驟，按時報告工作進度。

（五）、繁殖站負責人行政受區辦事處之監督指導，技術須受農業組監督指導。

（1）所有有關農業工作之通知，區主任應立即轉知繁殖站，各繁殖站之報告應書兩份，一份呈區主任轉總辦事處副本一份逕呈農業組。

（2）農業工作經費預算，由繁殖站負責人會同輔導區區主任擬具報請農業組核定，由繁殖站具領保管、使用，所有經費使用情形每月向區主任及農業組報告，並按總辦事處之規定辦理報銷。

（3）所有農業器材，均由各繁殖站根據農業組指示，由負責人具領保管、使用。

（六）各區辦事處對繁殖站工作，應隨時督導策進，容駐鄉

华農業推廣繁殖站[illegible]

各区農業推廣繁殖站，原以一鄉一站為原則，試办之初，限於人力物力，每区現僅成立一站，每站各有表証農家數户至十餘户，表証農家之耕地，即為繁殖站之場地，双方簽訂合約，表証農家自願接受指導繁殖良种，以供推廣。凡經農民直接引用試験之良种良法，如有不適本地風土而遭損失者，本区予以賠償，設有成效者，即由表証農家宣傳示範，普遍推廣。

华西实验区农业辅导手册　9-1-1（51）

农業推廣繁殖站設置辦法如下：

(一)推廣繁殖站以繁殖良種，引用良法，作本區域之農業示範為目的。

(二)推廣繁殖站之土地，得利用合作社社田，或由八至十户表證農家所耕種之土地設置之。

(三)推廣繁殖站之場所，應符合下列各項標準：

(1)交通便利。

(2)土地適中。

(3)土質中上等。

(4)水源無慮。

(5)田坵大而集中。

(6)宜作多角經營。

(7)示範保校附近。

(8)面積約二百畝。

(四)每一輔導區暫設一站，以後得視需要請求增加。

(五)由表證農家組織之推廣繁殖站，應由表證農家填具

(1) 在農業生產合作社為忠實社員。
(2) 在傳習處為優秀學生。
(3) 在田間操作為勤謹之農民。
(4) 有改良農業之興趣。
(5) 無論佃農或自耕農有耕地面積十五畝至卅畝者。

(七) 表證農家應絕對服從繁殖站之指導，按照工作計劃，從事下列各項業務：
(1) 優良種子樹苗種畜魚苗等之繁殖、示範及推廣。
(2) 栽培或飼育方法之改良。
(3) 植物病虫害與獸疫之防治。
(4) 水土保持，旱災防治及其他農業改良方法之採用。
(5) 副業之興辦或改進。

(八) 為進行上述業務繁殖站將予表證農家以下列各種獎酬：
(1) 各種生產貸款（如耕牛、肥料、種畜、水利等）對表

华西实验区农业辅导手册　9-1-1（53）

1 30

(2) 發農家優先貸給．
表證農家之生產收入，悉歸其所有，如因繁殖站工作之決定（如品種選定作業選擇等）而致受益減少時（與一般農民收益比較）繁殖站可公允補償其損失，而保證收益但人力不可抗拒之損失不在此例．
(3) 成績優良者由繁殖站發給獎助金或給實物．

(九) 推廣繁殖站業務應根據本區總辦事處農業組之計劃及指示由各輔導員主任督促農業輔導員負責推進．

(十) 各推廣繁殖站業務實施計劃及實施進度，應由農業輔導員及時呈報查核．

9. 31

抄：

6. 栽培甜橙

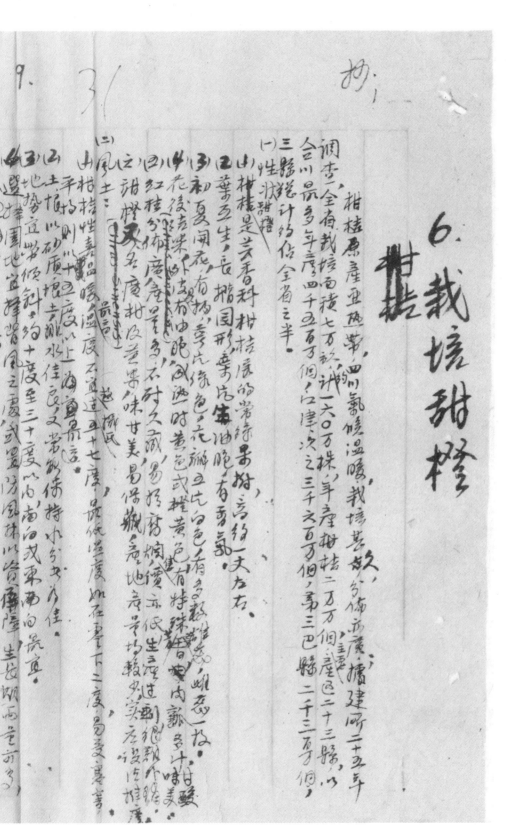

柑桔原产亚热带，四川气候温暖，栽培甚久，分佈亦广，据建厅二十五年调查，全省栽培面积七万亩，约计一六〇万株，年产柑桔二万万个，主要产区二十三县，以合川最多，年产四千五百万个，江津次之，三千六百万个，第三巴县，二千三百万个，三县总计约佔全省之半。

(一)性状甜橙

(1)柑桔是芸香科柑桔属的常绿果树，高约一丈左右。

(2)叶互生，长椭圆形，叶片有油腺，有香气。

(3)初夏开花，有柄，萼片绿色，花瓣五片白色，有多数雄蕊，雌蕊一枚。

(4)花后结果，果皮有油胞，成熟时黄色或橙黄色，有特殊香气，肉瓤多汁，味甘酸美。

(5)红桔分佈广，产量多，不耐久藏，易于腐烂，价亦低，生产过剩，[illegible]。

(6)甜橙及各广柑及普果，味甘美，易保藏，产地产量均较少，实应设法推广。

(二)风土：

(1)柑桔性喜温暖，温度不宜过五十七度，最低温度如在零下二度，易受寒害，平均则以十五度以上为最适宜。

(2)土壤以砂质壤土排水佳良，又常能保持水分者为佳。

(3)地势宜带倾斜，约十度至三十度以内，南向或东南向最宜。

(4)选择园地宜择背风之处，或置防风林以资屏障，生长期雨量亦多，以九、十月雨量宜少。

（二）栽培

（1）育苗 A. 柑桔繁殖多用压条或嫁接，[illegible]……砧木可用酸橙、枳壳、[illegible]或红橘，[illegible]……[illegible]……

B. 砧木种子采集后即可播之，过干则[illegible]，播后育成[illegible]生三尺，株距一尺五寸。

C. 芽接多在九十月，枝接则在翌年四五月，接木高度以离地之七寸为宜。

（2）移植 1. 时期约在清明节前后，株间距离十五尺至十八尺。

（3）中耕 每年中耕三次，第一次在二月，第二次在七月，第三次在十月，耕深约三四寸，除草宜勤，幼树生长迟缓，可行豆科间作。

（4）施肥 施肥时期每年多在秋冬二季，冬施在发芽前，秋季则在之七月间。

（5）施肥方法：在根际用轮状开沟，施后覆土，保护根株，在冬耕翻土时施下。

A. 柑园如在山间坡地，每年夏季至必须筑一埂，以免土壤流失，遭受旱害。

B. 柑桔施肥数量因树龄而异，二十年至三十年生之柑树，每株施肥豆饼二十斤。

C. 柑桔施用之肥料普通为堆肥、厩肥、豆饼、油枯、人粪尿、草木灰，施肥数量则因树龄而异，在未结果前之幼树宜多施氮肥。

D. 每年每亩柑树施肥要素量（斤）：

年龄	氮	磷	钾
五	3.6	3.6	3.6
十	8.4	8.4	8.4
十五	13.2	15.0	15.0
二十	15.9	18.4	18.4
廿五	19.6	23.2	23.2
三十	23.0	26.0	26.0

三十年树龄二十至三十年，每亩约需施用豆饼五〇斤，骨粉九〇斤，草木灰三八〇斤，石灰七五斤。

不施肥时期：每年春季萌芽前，[illegible]……在十月间果实成熟时[illegible]……

华[illegible]……

（5）修剪 A. 苗木在幼年自然发育，移植前将苗整成半球状之树形，[illegible]……

B. 柑桔发育后，修剪不可过甚，应将弱枝、病枝、枯枝等修去。

剪去徒长枝以保留结果枝，亦需加以修剪，时期宜在三四月春暖发芽前。

C. 结果后，以免结果过多，[illegible]……

D. 甜橙须七至十年开始结果，最盛时期则在三四十年，树势衰退，结果减少时则须[illegible]……

32

b.採收 A、甜橙成熟，色味俱佳，十二月间可以採收。

B.採果宜用果剪，採後装筐或篓，不留果梗，以免擦伤。

(四)病害

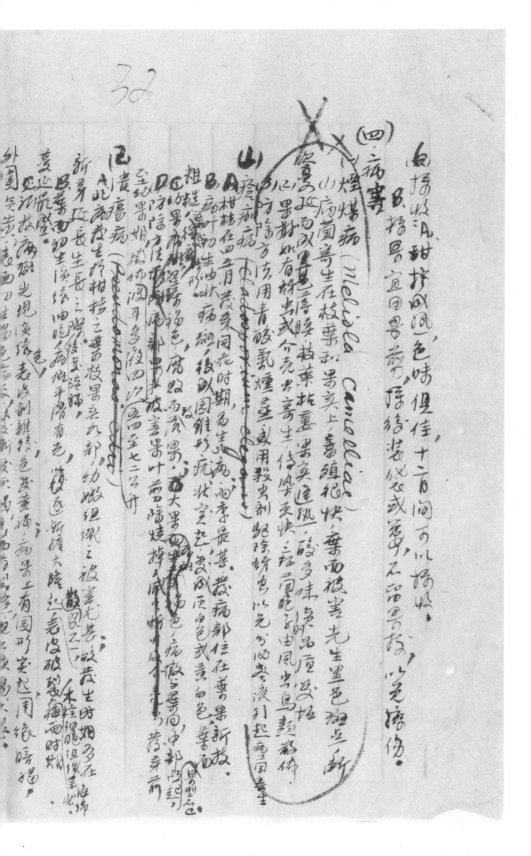

(1)煤煙病（Meliola camelliae）

(1)病菌寄生在枝叶和果实上，繁殖很快，叶面被害先生黑色斑点，渐

蔓延而成黑色薄膜，枝叶枯萎，果实迟熟，酸多味淡，品质变坏

果树如有蚜虫或介壳虫寄生，传染更快，並由风虫鸟类散佈。

(2)防除方法 用青酸氣燻蒸，或用殺虫剂驅除蚜虫，以免分泌蜜液引起病菌寄生

(3)瘡痂病（[illegible]）

A.柑橘在四五月發芽開花时期，易生此病，雨季最甚。發病部位在叶、果、新梢。

B.病叶初生油状病斑，後成圆錐形疣状突起，變成灰白色或黄白色，叶面粗糙[illegible]

C.幼果亦[illegible]褐色，病斑而[illegible]果，大果[illegible]色，病斑多在果面中部，凸起，果型不正

D.防除方法 [illegible]病部[illegible]被害果叶需除燒掉，[illegible]發芽前

至幼果如豆粒大时撒佈波尔多液四次（五四至七二公升）

(5)潰瘍病（[illegible]）

A.此病發生於柑橘之叶面枝果各部，幼嫩组织之被害尤甚，故發生时期多在梅雨

新芽延長生長之際，[illegible]

B.叶面初生黄绿油色病斑，半透明有光，後变淡褐，渐渐扩大隆起，表皮破裂，[illegible]（数個不一）（木栓细胞组织呈[illegible]状）

蔓延[illegible]

C.枝上病斑先现黄绿色，表皮剥離後色变黄褐，病果上有圆形突起，周缘暗褐。

外围[illegible]表面[illegible]

用石油乳剂驱除害虫。

(五) 绿微病（[illegible]）

A、此病发生于二三月时藏中之果实，氯温渐高，病害亦增，病菌多由伤口侵入。

B、此病果实软化，渐呈褐色，生有白微，后变青绿，病斑扩大，果实内外均受侵害，果瓤腐败，发生苦味。

C、防除方法：注意摘果运输，勿使受伤，贮藏库所须用硫黄熏之，贮藏之前宜用硫酸铜溶液浸果三十分钟，或用百分之二至五之硼砂溶液浸果五至七分钟，阴乾后藏，或包纸包裹，注意贮藏期中之温度与空气流通。

(四) 虫害

(1) 介壳虫

A、白绵介壳虫（Icerya purchasi）或名吹绵介壳虫，为害最烈，七至十月最盛，群栖枝梢，诱发煤病，果实被害，变成黑色。

B、幼虫腹部及腹面都有长毛，容易随风飞散，或附他物传播，故其蔓延颇广，为害至大。

C、防除方法：在冬季幼虫产卵之前，喷射硫黄石灰合剂或石油乳剂十倍，小介壳虫液，但以青酸气熏蒸最为有效，培养赤黑瓢虫或寄生蜂，也可作天敌防治。

(五) 柑桔天牛（Melanauster chinensis）

A、六七月间成虫在树干基部产卵，孵化生食树皮，侵入树干，幼虫在树内侵害二至三年，始变成虫。

B、防除方法：在成虫发生时期，以石灰涂白树干可防产卵，捕杀成虫，以铁丝钩出幼虫，或用注射器注入毒药（二硫化碳及氯化苦）。

华西实验区农业辅导手册 9-1-1（58）

以下不要

㈣甜橙果实蝇（Tetradacus citri），在果内

六月下旬至九月成虫产卵於果內，幼虫侵蝕果皮使果实黄早落，
每年发生一代，十一月老蛆自果内落至地下化蛹越冬。
成虫於枝叶繁茂之阴处栖息，及庭之果园通风得宜之幼树被害少。
防除方法：摘除被害果实，捕杀成虫，及翻土修剪等。

六、甜橙果实蝇（蛆柑）初步防治示范计划 集中歼灭

㈠被害情形：1.被害最烈之区域为綦江河及笋溪河上游之乡镇，如广兴、五福、贾嗣、清溪、先峰、永兴、和平等乡，严重者估计达百分之九十，仁沱、真武、三蒋等乡被害较轻，亦达百分之十五至二十，平均其被害程度则约百分之四十以上。

㈡生活史及习性：1.甜橙果实蝇每年六月至八月中旬雌虫以输卵管刺穿果皮以达果肉内部产卵。

2.经十数日后卵化幼虫，蛀食果肉，刺激果实生长促进早熟，被刺产卵处害之一面先着橙红色，时在九月或十月，其他未受害之果实尚未着色，极易辨认。

3.十月以后被害之甘橙即開始落地，果实蝇之蛆即钻出果实入土成蛹越冬。

4.翌年六月開始羽化成虫，雌雄集于树上经过交配，雌虫即以输卵管刺入小果产卵为害。

5.初孵化之幼虫未达成熟时如暴露於空氣中極易死亡，入土亦不能成蛹，成熟之蛆入土不久即成蛹过冬。

6.成虫自羽化时期起可生活至八月底，约有三個月之寿命，阳光强烈时始較活動，每日十時前及五時後極为幽静，成虫多以吸食露蜜为生。

㈢防治方法：1.幼虫（蛆）之防治——卵化成蛆之後一直隐藏果实体内蛀食为害，被害果实提早现红着色，識别甚易，在其未落果前着色之後，将果摘下

X

2、蛹期之防治：成熟之蛆于九月底開始離開果實，体外入土约二三寸深處隐藏，休眠过冬。冬季倘耕翻土，可使蛹露土外，鸡鸟啄食，可免为害，或不发生六月羽化，如前耕翻園土种植间作工作，进行宜有步骤，为界之自然区域。

3、成虫（蝇）之防治：成虫喜性不活动，可用網捕、毒饵或两天敵防治，及检疫制度以絶虫害来源。

四、防治示範：1、示範目的在介绍科学防治虫害方法，以减少或杜絶柑橘蛆害，增加生产及农民收益。

2、示範方法：用人工摘拾被害果实，集中切開用石灰水毒杀幼虫。

3、示範地点暂在中農所江津園藝場場址附近，選择被害最重之果園四处，即在贾嗣、清泊、真武、仁沱等四乡各選择一處，作为蛆柑防治之特约果園。

4、示範时期暂定二年，自卅八年九月至卅九年十二月止。

5、示範机関由中農所江津園藝場協助主持，並選特约果園從旁工作。

6、示範经费由華西實驗區負担，預算總计共四三〇美元

(1) 工人八名，两年工作四月　[illegible]四美元

(2) 設備：羅筐、扁担、铁钩　一四〃

(3) 石灰药品　二四〃

(4) 切果刀　三二〃

(5) 职員旅費　二〇〇〃

(6) 其他　一〇〇〃

华西实验区农业辅导手册 9-1-1（60）

8、34

抄

7、种猪饲养

猪是中国农村中最普遍的家畜，养猪是四川农家最主要的副业。全国养猪总数依三十六年统计约有五千四百万头，四川全省养猪共有八百六十万头，本区十县一局，养猪总数约共二百万头，荣昌白猪为中外驰名之优良品种，四川之猪鬃输出，更为外汇来源之大宗，所以养猪利益很多，前途希望极大。

一、养猪利益：

（1）猪之体质强健，生殖力大，饲料少，肥育快，养猪易收效。[illegible]一年之内获利很多。

（2）猪之饲养不择风土，管理方便，家庭妇孺皆可饲养。

（3）养猪可以利用废物，如农家之残余剩饭、米糠[illegible]。

积肥：猪[illegible]。

（4）猪之副产品很多，[illegible]。

猪[illegible]。

（二）種种介绍　肉猪

（1）约克夏猪——原產英国，公猪重五百斤以上，母猪约重四百斤左右，頭長前低，耳[illegible]向前，全体毛白，[illegible]猪，[illegible]，肥[illegible]，肉[illegible]，猪本區推廣用[illegible]种猪——

（2）荣昌白猪，猪体白，有黑眼圈，或额有大部黑色，眼毛皆白者为最[illegible]，[illegible]子，猪[illegible]坚長，易[illegible]，[illegible]油[illegible]年[illegible]，能耐粗料，[illegible]母猪可產仔猪十二头，為本區推廣用之纯种母猪——

（三）雜交猪之优点

（1）雜交仔猪生长快，断奶时比纯种猪多三斤半，全窝重[illegible]

（2）雜交仔猪少有[illegible]，[illegible]力[illegible]，[illegible]較少，也較大，二月[illegible]以[illegible]三百斤以上，

（3）達到肥育標準所需天數比纯种猪少兩周，飼[illegible]

四、豬舍修建設計

一、修建豬舍的地方，應南向及高燥，若有天然傾斜更好。水及糞料容易排洩，通常先掘地土五寸至一尺，然後鋪以磚石或洋灰。普通地面多以石板鋪。

二、臥地要乾燥，因為潮濕容易生病，並宜常撒石灰，細心管理。

三、豬舍四面圍牆，宜用磚石建築，但以土築比較經濟，或以磚石為底，上層則用土築。

四、豬舍要空氣流通，日光充足，門窗要寬大，都宜南向或東南向。

五、糞水排洩的設備要特別注意，豬舍四周，宜開淺溝，屋外掘坑收取糞水。坑長三尺，寬二尺，深三尺。

六、豬舍每天要灑掃，豬體也要常刷洗，睡草每星期要更換，地上宜撒用石灰，鋸屑或乾土以吸收尿液，減少臭氣。

七、豬舍外面要有運動場，圍建木欄，可開一門，以後高六尺，佔地長寬各六尺。

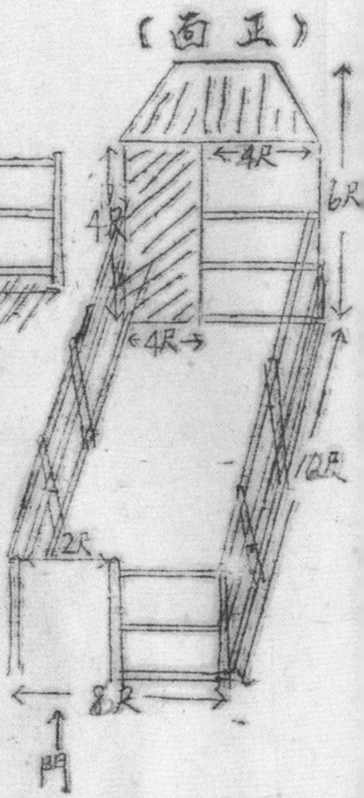

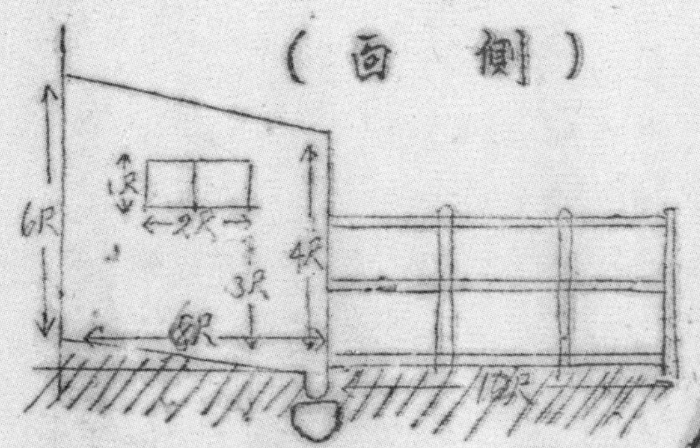

(2) 正面門寬二尺，側面窗高離地三尺，長二尺，寬一尺。

(3) 運動場長一丈六尺，寬六尺，欄高三尺。

(4) 豬舍地面土築或鋪磚石，洋灰，向外傾斜，四週開淺溝，糞水可流出舍外，以便掘坑收取，如地鋪木板，則掘坑要深，板上常洒石灰，保持乾燥。

(5) 豬舍牆用磚石或土築，屋頂蓋草加瓦或釘木板。

(6) 門，窗，豬欄，均用木料釘牢。

华西实验区农业辅导手册 9-1-1（66）

36

(4)肥育快，饲料較節省，並且通過比純种猪少用十分之一。

(5)生產能力強，每窩小猪多，又重又健康。

(6)母性很好，哺育小猪週到，可以減少死亡。

(四)猪舍修建：

(1)[illegible]

四、种猪饲养

(1)种猪饲料应照标准配合：玉米百分之三十六，麸皮百分之三十，黄豆百分之九，食盐、骨粉各为百分之〇·五。

(2)每只种猪体重一五〇斤，每日需喂精料七斤，包括玉米四斤，麸皮二斤，黄豆粉十二两，另加食盐、骨粉各少许，并喂青草菜叶一斤半。小猪饲料酌减。

(3)喂料时间宜早晚各一次，间隔八小时，採用生喂方法，不必煮熟，以免损失养料及人力与时间。

(4)先喂玉米，须经水泡二十四小时，容易消化，将糠倒入食槽，吃完再喂粉料，可将麸皮黄豆粉食盐及骨粉等用水调和，然后喂青草，中午则喂青草菜叶。豆渣、豆糠、皮粉、糟房之副产品，均可利用。

(5)种猪每日须有适当之运动机会，尤以公猪更不可少，猪舍如无运动场，则可任山野放牧，对生长发育极有帮助。

华西实验区农业辅导手册　9-1-1（68）

37

(六)交配管理：

(1)种猪交配时，公猪年龄以十月至一年为宜，交配时间夏秋每年十五月或四五月，每猪配种以五十头为限；母猪年龄宜在七個月至十個月後，交配日期以在发情後第二日为宜；母猪发情时在七個月以後，发情週期为十八天。

(2)配种时公猪须要元气活泼，精神饱满；每日配种宜在午前十时或午後三时，每天交配以一次为限。

(6)种猪交配后填写交配记录表，种猪如有疾病死亡，应随时报告辅导指导员防疫治疗。

(3)母猪受胎後半個月必须分饲，妊娠期平均约为一二〇天，分娩後哺乳八星期，再行第二次交配，一年两胎，较为经济。

(4)母猪分娩时，舍内多放干草，舍外除生人，生人不准入内，胎衣及死猪必须取出，以免母猪嚼食；产後宜以稀粥喂养，使恢复本力。

(5)藉使小猪之能消化利用，喂后六至八週即须去势，以便肥育生长，八月时可出售，因容易肥，绝对不能配种。

不 38

抄！

9.兽疫防治

牛马猪羊是农家饲养的基本牲畜，利用其劳动力，它的粪可以肥田，以及它的产品，要是遇到瘟疫兽疫病，农家受损失，而且遭受大损失；因此国家耕田者，牛，兽医和药，能够进行，必须有把握，农民也必须要加以留意。

为了保障牲畜的安全，免致经济的损失，必须注意防疫注射，防兽疫传染病，以免传播疾病。

(一)防疫方法：

(1)牲畜住的地方要清洁，猪圈牛栏随时打扫，粪污；

(2)畜舍要阳光充足，空气流通；常用石灰水消毒，可以杀灭病毒。

(3)新买的猪牛要隔离饲养，并在次疫苗可合格；了病畜，要实行隔离，以免传染。

(4)预防注射，打针可以防疫，如能不能治病。

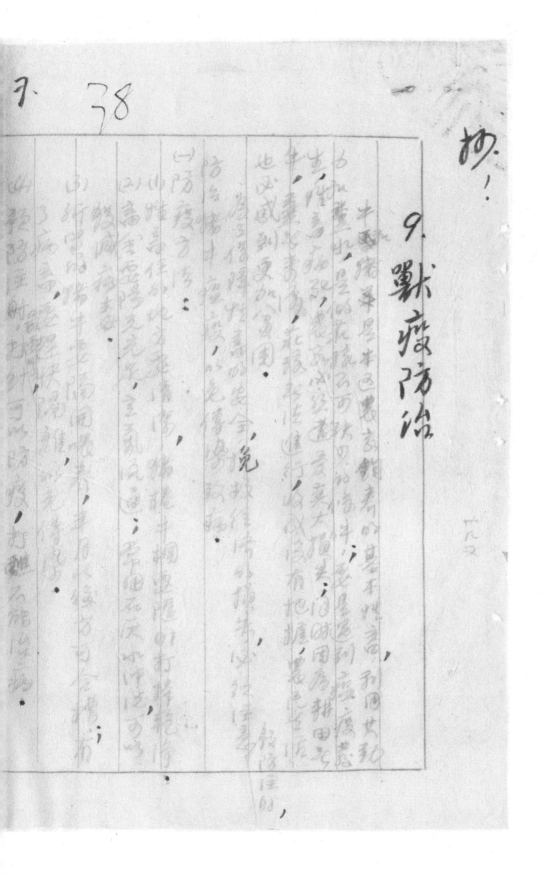

一九〇

(5)[illegible]

(4)病畜的粪尿和病体应焚毁或深埋，以免传染；

病畜住的厩舍要消毒，食饮宜用专器是

[illegible]另行介绍。

(二)主要牛病：

(1)牛瘟：A.病状—初病之三至九天内[illegible]，

病发生高热，水牛体温会升至摄氏四十一度；口内黏

膜发炎，继起溃烂，精神萎顿，低头垂耳，此时新起

之黏膜上，二日后就变成红[illegible]，下有[illegible]

许多小泡，不久就会破裂。

C.治疗—发现之证，可用抗牛瘟血清注射，病重时即

没法医治。

D.预防—平日注意饲养健康，如有[illegible]

隔离[illegible]

璧山四宝阁文具印刷纸号印製

最急性的不需诊断，即会死亡；急性病状……

(2) 炭疽病：A.病状——体温增高，常于工作、吃食后随时均可倒地而死；亦有的初显兴奋状态，旋即昏晕，及鼻孔、舌头肿大，色呈紫红，鼻孔及肛门有流血现象，病畜尿中亦带有血，颈腕腹部及外生殖器有水肿现象。

B.慢性病：局部病状为肿大，始于口内部，呈流体状，经过百分之三的石炭酸溶液消毒，轴病畜可用血清治疗，待溃疡时可用[illegible]消毒肿胀部分，或用酒精消毒后用等病畜炭疽散；精神不振可注强心剂。

C.预防——病畜必须隔离，病死尸体要深埋，每年春秋应用预防注射，

(三) 猪病：猪霍乱，俗名瘟猪瘟。

(1) 猪瘟：A.病状——急性猪瘟实为一种急性病状，就是一年四季普遍流行，发热高达摄氏四十一二度，精神[illegible]

[illegible]

[illegible]

[illegible]病猪[illegible]，[illegible]血清[illegible]

以預防。

（乙）預防——注意猪舍清潔，病猪[illegible]隔離，猪舍[illegible]

[illegible]消毒[illegible]

（四）猪肺疫——又名出血性敗血症，俗名[illegible]。

A.病狀——体温高達攝氏四十度以上，高熱持續不退，

[illegible]咳嗽，呼吸[illegible]，[illegible]

[illegible]急性者多於[illegible]，慢性則[illegible]

作不隨意之[illegible]

B.治療——[illegible]猪肺疫[illegible]

C.預防——[illegible]猪肺疫[illegible]注射[illegible]

[illegible]

（五）猪丹毒——[illegible]

A.病狀——[illegible]攝氏四十[illegible]

[illegible]

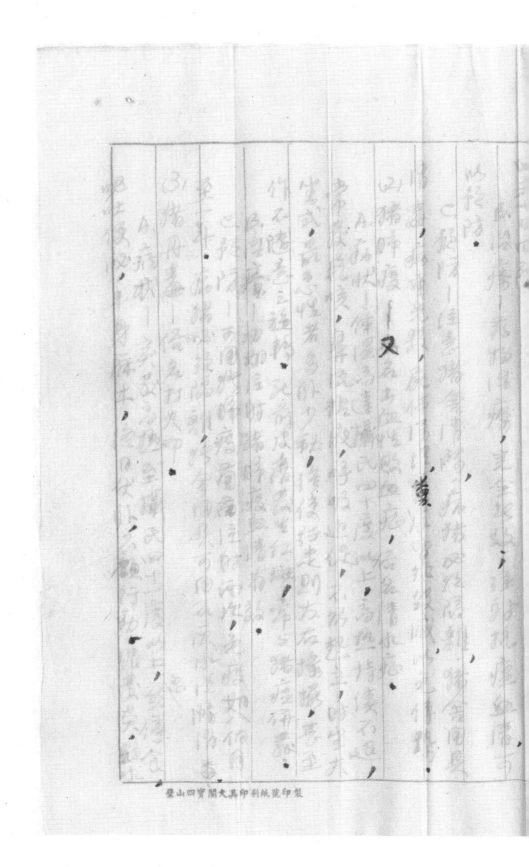

璧山四寶閣文具印刷紙號印製

疹。全身各部遍发红斑，初为淡红，渐变暗红，通常三四日即死，未有延至七八日以上者。病势如转慢性，可以延至二月之久。病菌素系为饲料饮水，或由皮肤伤口侵入，幼小猪最易传染。

B.治疗——初期注射抗丹毒血清有效，粗粉可用碘酸粉（俗名皂烂）猪每百斤，服用四克。

C.预防——注射猪丹毒菌苗，病猪必须隔离，重症死体焚烧消毒，以免传染。

（四）预防注射：

（1）牛瘟：A.兔化牛瘟疫苗——皮上注射〇.五至一西西，有效期一年。

B.牛瘟脏器苗——体重一〇〇公斤，皮下注射三至四西西，有效期一年。

（2）炭疽：炭疽第一第二预防液相隔十至十二日皮下注射，牛猪各共〇.二西西，同时注射血清十五至三〇西西，小猪二液〇.二西西，血清五至十五西西，有效期一年。

（3）猪瘟——猪瘟预防液一或二西西皮下注射，分回相隔二周；第一回〇.五西西，第二回〇.七五西西，有效期一年。

华西实验区农业辅导手册　9-1-1（72）

(4)猪肺疫—猪肺疫預防液接种七至十日后，皮下注射，第一回〇、五西西，第二回〇、七西西，有效期一年。

(5)猪丹毒—死菌預防液用量：小猪一、五至三西西，中猪三至四西西，大猪四至五西西；生菌預防液小猪一至二西西，中猪二至三西西，大猪三至五西西。

丙、緊急預防：

(1)牛瘟—体重一〇〇斤，皮下注射牛瘟血清十五西西，有效期二個月。

(2)炭疽—皮下注射炭疽血清，牛羊三歲以下三〇至五〇西西，三歲以上五〇至八〇西西；小猪一〇至二〇西西，大猪三〇至五〇西西；有效期二三月。

(3)猪瘟—皮下注射猪瘟血清，小猪二至十西西，中猪一〇至二〇西西，大猪二〇至四〇西西；有效期三至六週。

(4)猪肺疫—皮下注射出血性敗血症血清一〇至三〇西西，有效期一至三個月。

(5)猪丹毒—皮下注射猪丹毒血清，小猪五至十西西，中猪十至二〇西西，大猪二〇至四〇西西；有效期一至三個月。

40

六、治疗注射：

(1)牛瘟——体重一〇〇斤，皮下或静脉注射牛瘟血清三十五西西；医疗效果百分之三十三。

(2)炭疽——皮下或静脉注射炭疽血清，牛马三岁以下一〇〇至二〇〇西西，三岁以上一五〇至三〇〇西西；小猪三〇至八〇西西，大猪五〇至一五〇西西；医疗效果百分之三十。

(3)猪瘟——皮下或静脉注射猪瘟血清，小猪一〇至三〇西西，中猪二〇至五〇西西，大猪五〇至一〇〇西西；医疗效果百分之五十。

(4)猪肺疫——皮下或静脉注射出血性败血症血清二〇至六〇西西，医疗效果百分之七十。

(5)猪丹毒——皮下或静脉注射猪丹毒血清，小猪一〇至二〇西西，中猪二〇至四〇西西，大猪四〇至八〇西西，医疗效果百分之四十五。

华西实验区农业辅导手册 9-1-1（74）

华西实验区农业辅导手册　9-1-1（74）

璧山四寶閣文具印刷紙號印製

华西实验区农业辅导手册 9-1-1（75）

41

10 病虫防治

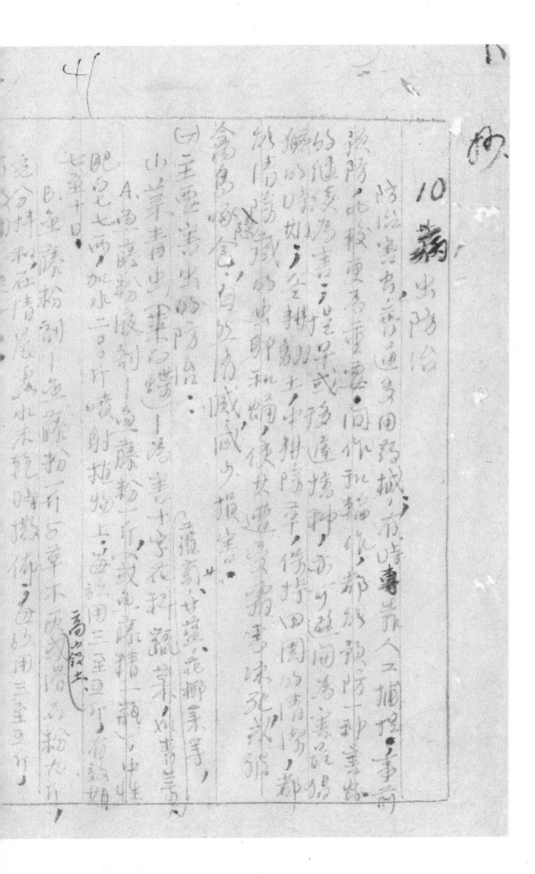

防治害虫普通多用药械，有时需用人工捕捉。事前预防，比较更为重要。间作和轮作，都能预防一种害虫的继续为害；提早或延迟播种，可以避开为害最烈的时期；冬耕翻土，中耕除草，保持田园的清洁，都能消除隐藏的虫卵和蛹，使其遭受冻害冻死，或被鸟类啄食，自然减少损害。

(一)主要害虫的防治：

(1)菜青虫（菜白蝶）——为害十字花科蔬菜，如白菜、甘蓝、花椰菜等，

A.鱼藤粉液剂——鱼藤粉一斤（或鱼藤精一瓶），中性肥皂七两，加水二百斤喷射植物上。每亩用三至五斤，每隔七至十日。

B.鱼藤粉剂——鱼藤粉一斤与草木灰或陶石粉（高岭土）九斤，充分拌和，在清晨露水未干时撒布；每亩用三至五斤。

C.砒酸[illegible]加水二〇〇斤[illegible]

八斤的熟石灰粉，使药液容易粘着，每次用药一斤，有效期七至十日。

(2)黄条跳甲—为害十字花科蔬菜。

A.鱼藤精液剂—鱼藤粉一斤，中性肥皂七两，加水二〇〇斤，即可喷射，有效期五至七日。

B.鱼藤粉剂—鱼藤粉一斤，与草木灰或谷糠粉四至五斤充分拌和，在朝露未干时，以喷布一致，有效期五至七日。

(3)大猿叶虫—为害十字花科蔬菜。

A.砒酸钙液剂（胃毒）—砒酸钙一斤，加水三〇〇斤，可喷射一致半；有效期十日内。

B.鱼藤粉液剂—鱼藤粉一斤，中性肥皂七两，加水二〇〇至二五〇斤，可喷射一致，有效期十日内。

C.鱼藤粉剂—鱼藤粉一斤与草木灰或谷糠粉九斤拌和，在朝露未干时，可撒布一致，有效期十日内。

(4)烟青虫—烟青虫种类甚多，为害植物甚广。

A.鱼藤精液剂—鱼藤精一两，中性肥皂七两至二斤，加水二〇〇至三〇〇斤，可喷射一致，至二钱半，有效期十日内。

B.烟草水—烟叶一斤，加水二十五斤，浸二十四小时，过滤后喷射

42

(二)主要药剂之配制法

(1)藜芦水——防治菜蚜、棉蚜、桔蚜。

藜芦或藜芦二斤，加水二十五斤，浸二十四小时或煮沸滤过用。

(2)除虫菊皂液——防治叶蝉、猿叶虫、毒蛾、松毛虫。

A.用肥皂二十二两切成碎片，浸于六斤热水中。

B.後将除虫菊粉十二两加入充分搅拌。

C.再加冷水十二斤，搅匀后稀释一至二倍即可应用。

(3)巴豆乳液——防治棉蚜、桔蚜。

A.用巴豆一两用布包放在二十两清水中，加压挤出乳液（手上涂凡士林，穿工作衣，戴口罩）。

B.再以碎肥皂二两，溶于二斤热水中。

C.俟肥皂水於巴豆乳液中，混和备用。

(4)棉油乳剂——防治棉蚜、桑蚜。

A.将苛碱二两在一斤水中加热溶解。

B.再加切碎之肥皂十两，使其完全溶解。

2P
13X

梨军配虫，葡萄金花虫，金毛虫，桑天牛。

A. 先将二十斤水灌沸，加入切碎之肥皂一斤，使其溶解。

B. 后，注入石油四十斤，强力搅拌使成白色黏稠之乳液。

C. 施用时冬季加水七至十五斤，夏季加水二十至四十斤。

D. 加水前先用二三倍之热水与母液混和搅拌，然后再注水。

(6) 松脂合剂——防治吹绵介壳虫，红蜡介壳虫，矢尖介壳虫。

配法：

A. 先将碱粉三斤溶于四十斤水中，用火加热，加火煮沸。

B. 再将松香粉碎加入，完全溶解，搅拌，煮成浓液。

C. 即成母液。冬季将加水五十倍稀释，夏季加水八〇至一〇〇倍。

(7) 石灰硫黄合剂——防治吹绵介壳虫，红蜡介壳虫，照球介壳虫，柑橘吉丁虫，梨星毛虫。

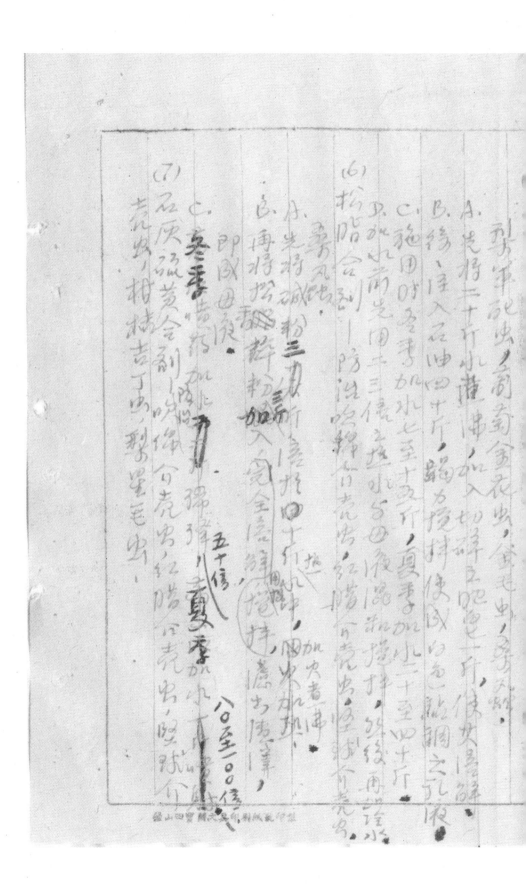

华西实验区农业辅导手册 9-1-1（79）

43

A. 先用少量之水将石灰一斤溶解成团粉状，再将水十斤倒入煮一小时。

B. 随将硫磺粉二斤放入，同时用棍搅拌，煮之稍干，即再加水，保持原有水量。

C. 煮后三刻至一点钟，熄火使沉，滤去渣滓，即成琥珀色之母液。

(8) 波尔多液 | 防治霜霉病及各种果树及蔬菜病害

A. 先将硫酸铜一斤，加入十斤水中，煮之使其溶化，然后加水至五十斤。

B. 另将生石灰一斤，加水搅拌成十斤，过滤，加水至五十斤。

C. 两种溶液同时倾入另一器内，充分搅拌即得。

44

(三)砒酸铅之用法（Lead Arsenate）

(1)性状功用：砒酸铅为粉红色粉末，含金属砒素百分之二十一以上，水性砒素仅含百分之〇.三五，性缓，杀虫力强，对植物之药害极小。

(2)功能：砒酸铅为胃毒剂，专治一般咀嚼口器之害虫，例如蔬菜类之黄条叶蚤、桑叶虫、菜蛾幼虫、菜螟幼虫、菜白蝶幼虫（青虫）及守瓜等，果树类之卷叶虫、象鼻虫、金花虫、金龟子及其他食叶害虫。

(四)施用方法：

(1)液用法：先用少量之水，加入砒酸铅，制成糊状，然后加入其余水量，充分搅拌，或须过滤，制成药液，随配即用，以喷雾器均匀撒布于受害作物全部，或用扫帚撒洒，用时须将药液不时搅拌，以免药粉沉淀。

砒酸铅可与其他药剂混用，如波尔多液、硫酸烟碱、毒鱼藤、DDT及BHC等，倘与铜杀剂混用，则同时可以除治咀嚼口器与吸收口器之害虫。为改进砒酸铅液之粘着力及展着力，可参照土法，酌加粘着剂及展着剂。

(2)粉用法：砒酸铅粉可用各种适当填料附加物混合使用，例如瓷土、滑石粉、炭酸钙、木灰或筛过之幼土等，调制时须使两者充分混合，最好混合筛过，于朝露未干时撒布之。

撒粉方法，可用喷粉器或细布袋，撒粉务求均匀，不必过量使用。

砒酸铅与填料混合重量比率为砒酸铅粉一份，填料二至六份。

施用砒酸铅时间与防治效力极有关系，普通最好于害虫未出现经用药剂后1日，见有于死……，四日不……

③施用分量：

A.蔬菜类——砒酸铅专在防治蔬菜类各种咀嚼口器害虫，但对抵抗性弱之蔬菜，如豆类，（瓜类）甘薯等不宜使用。液用分量水一百斤，加砒酸铅粉四至十两，普通砒酸铅一斤，加水一至二担，可施菜田一亩。粉用分量是将砒酸铅粉与填料混合筛过，每亩耕地用粉一斤半至二斤。

B.果树类——防治果树类咀嚼口器害虫，如金龟子，金花虫，象鼻虫，毛虫，尺蠖，食果虫及镰犁幼虫等，均以液用为便，普通用水一百斤，加砒酸铅粉六两，但对核果类如桃、李、杏、樱等，亦用砒酸铅石灰液配合分量为砒酸铅一斤，消石灰二斤，加水二百五十斤。

④注意事项：

A.砒酸铅毒力猛烈，人畜切忌入口，施用后之残液及盛器，最好焚烧或深埋，以免小孩及牲畜误食中毒。

B.施用砒酸铅后，即须洗手，所用之一切器具，亦须洗净。凡用以撒洒场所，又不可移作别用。

C.之勿使砒酸铅与皮肤过分接触，如已接触时，即须洗去。凡施用砒酸铅后，

D.未洗手，不宜进食或吸烟。撒粉或喷液时，宜避免吸入粉末或雾点。

如凡经施用砒酸铅之菜叶，经用清水充分洗净后，始可食用。未经洗濯之菜叶，不可喂饲牛、羊、猪、鸡、鸭等家畜。

E.蔬菜收割前十五日内，不宜施用（砒酸铅），果树开花及刮风，亦不能施药，以免残毒为害。

F.砒酸铅应放置于干燥地方，以免吸潮结块，配就之药宜在当日施用。

(45)

(四)碱铜之用法

(1)性状功能—碱式硫酸铜(Micro-Fine Tri-basic Copper Sulphate)(Basic Cop)或称碱铜，为绿色粉末，
含铜约百分之五十二，5与普通硫酸铜相似，但其含铜量加倍，为最常用的
防病药剂。例如苹果之疮痂病，炭疽病，樱桃之叶斑病，葡萄
霜霉病，桃缩叶病，疫病，柑桔疮痂病，溃疡病，豆类炭疽病，黄瓜
疫病，霜霉病，番茄早疫病，晚疫病(early blight, late blight, leaf hopper)
番茄叶斑病等，均可用此药剂防治，功效与波尔多液相同。

(2)施用方法—通常之施用法与普通硫酸铜相似，但使用时加石灰及水，
其比例为碱铜一斤，(约为普通硫酸铜之半量)石灰二斤，加水二百斤，夏季
暑时喷射则碱铜使用量减半。充分搅匀后，宜用喷雾器撒布，并须随时
搅拌，以免沉淀，柑桔喷射，可于结果以后二三个月内，喷射三四次。

(用时先将碱铜与石灰两分，各加水，分装两桶，同时倾入另一喷雾器内。)

(3)施用分量—视作物情形而定，普通以碱铜一斤至一斤半，配合药液二百
至三百斤施用果园一亩。

(碱铜亦可与石灰混合作粉剂施用，其配合为(含铜量约有百分之七)碱铜十四磅与石灰八十六磅配合，又碱铜十八磅与石灰八十三磅配合(含铜量约有百分之三九)。
20-80 monohydrated copper-lime dust
25-75)

(4)注意事项—
(A)碱铜药液不可放在金属容器内。
(B)不能喷射于果树之嫩芽部份。
(C)不可与砒酸铅混合施用，但不妨与砒酸钙合用。
(D)配就之药液，应当日施用。
(E)施药之后如遇大雨，应再补施一次。

(丙)單管噴霧器用法　施用前須先將單管及噴桿裝好

(1)單管噴霧器為噴射液体藥劑之唯一机械。

(2)用时先將皮管、噴桿及踏板裝配完善，螺丝擰緊後，將吸管擰入藥桶內，继續抽動塞桿，藥液即成霧狀噴出。

(3)藥液必须时加搅拌，以免沉澱或堵塞噴桿；抽動时不可用力过大，以免氣筒或皮管爆裂。

(4)如發现噴藥不暢通时，即為濾網或噴头堵塞，宜將各部拆散檢查，清除再用。

(5)用後必须用清水洗淨，並將污水倒出，皮管取下，置於乾淨之處，以免腐蝕。

(六)手搖噴粉器用法：

(1)每具裝一纸盒，计有藥箱及蓋各一，粗管、彎管各一，直管四，二節管二，背帶二，共十二件。

(2)用时先將粗管接於藥箱，再接直管及彎管，最後為扁形管口。

(3)背帶二根接好，交叉背肩，左手握住箱前把手，右手搖動铁柄，藥粉即可噴出。

(4)藥箱中可裝藥粉二三斤，不宜裝滿；噴藥管口宜接近植物，以免散失。

(5)噴粉器宜保持清潔，用後藥箱及管口如有藥粉阻塞，宜用乾布拭淨再用。

华西实验区农业辅导手册 9-1-1（84）

中華平民教育促進會華西實驗區病虫防治藥械使用辦法

一、原則

1、器械由農復會借用於各輔導區使用時亦為借用方式

2、藥劑由總辦事處表證施用方法以為示範各合作社如有需要應收回成本此項藥款用為來年該社繼續購藥之用

二、辦法

1、各種藥械由總辦事處分送至各縣再轉運到各輔導區由總辦事處派員協同輔導區之作人員指導并監督藥械之使用

管再由輔導員分發與各合作社使用，如有遺失或損壞由
保管人負責賠償，本區得隨時收回之

3、各項藥劑除表證農家由總辦事處派員表證之不需免
費施藥外，凡社員需要應向合作社購用

4、藥劑每包一斤，成本為白米若量二升，以百分之五為合
作社之手續費

5、前項藥劑費，如社員不能付現，得按合作社貸放
實物辦法辦理之

6、收回之成本費由總辦事處統籌購置藥劑繼續供應

7、其他未盡事宜由總辦事處派員酌量辦理

华西实验区农业辅导手册 9-1-1（86）

拾、

（47）

一、

11、栽种蔬菜

蔬菜为人生一日不可缺少的食品，因为各种蔬菜的营养丰富，可以调和肠胃，促进食欲，帮助消化，使人体健康，不特可以养身，更有经济价值。栽种蔬菜，获益很大。

（一）促成栽培：1.利用天然温热，或用人工加温，以使蔬菜早期成熟，供应市场，换取善价。

1）冷床：1.用玻璃框，保护太阳自然的热度，养育幼苗，方法是做好一个木框，将框内泥土耙细，然后播种，上盖玻璃，研究太阳之热有限，故其用途不大。

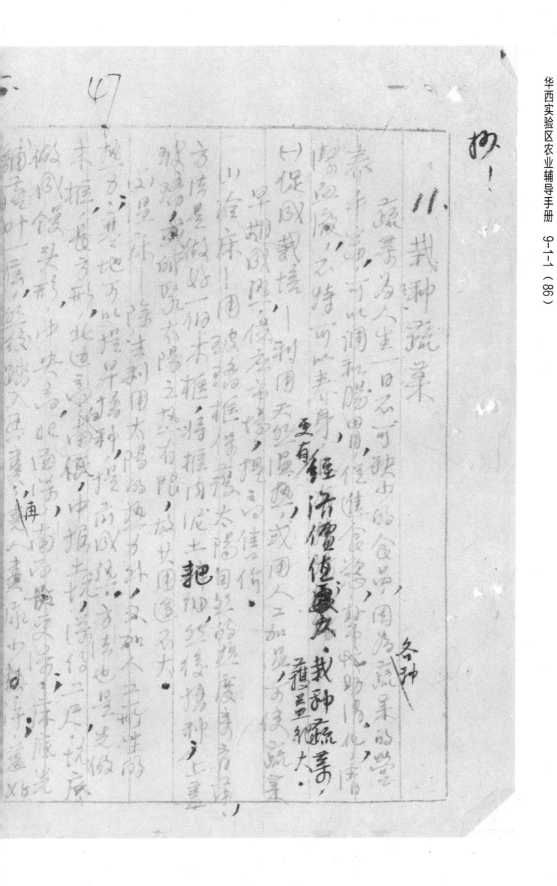

（2）温床：除去利用太阳的热力外，另加人工所生的热力，无论何地可以提早播种，提前成熟，方法也是先做木框，长方形，北边高，南边低，中掘土坑，深约二尺，坑底做成锅底形，中央高，北面低，南面高，再铺……底先铺垫叶一层，然后踏入马粪，再盖人粪尿少许，上盖……

(二)软化栽培

蔬菜的叶茎软化十分重要，蔬菜自然生长，则多品质粗硬，如在植物生长期中，使其隐蔽不受阳光，蔬菜体内叶绿素停止，茎叶变成白色，而且柔软多汁，鲜嫩味美。

(1)束缚软化法——茎叶生长繁茂的时候，将茎叶紧扎，用稻草束缚，使日光不能透入，内部叶变软白，如芹菜、白菜等可用此法。

(2)培土软化法——将菜种在畦沟中，充分长大以后，用锄堆積两行中间的泥土，培壅在菜根两旁，使菜头露出三分之一在土面上，不久下部的茎叶即变软白，如韭菜和葱，可用此方法。

(3)围板软化法——夏季温暖时，周围培土软化容易腐烂，可用木板围在蔬菜两旁，使其不见日光而软化。

华西实验区农业辅导手册　9-1-1（88）

48

（三）贮藏加工：

一、蔬菜类较多汁，不易贮藏，故以立即供食为宜；但若生产过剩，价格低落，欲求四时供应不断，即需分在室内室外贮藏或经加工装以罐头。

(1) 贮藏环境：

A. 不受外界气温影响。

B. 有优良通风的设备。

C. 内部温度低凉，但在冰点以上。

D. 内部空气不可过分乾燥，须常适度的湿润。

(2) 选择处理：

A. 贮藏蔬菜必须健全，无病虫及破伤。

B. 未熟及过熟的蔬菜，应当销售，宜在适期採收。

C. 叶菜类含水分多，宜先适度乾燥，然后贮藏，外不可堆积。

(3) 加工製造

A. 乾燥法—將蔬菜利用日光晒乾，或用人工加熱烘乾，如烘青豆。

B. 鹽漬法—將鹽和入蔬菜，使鹽分滲入，可以防腐，如醃白菜。

C. 醬漬法—用醬或醬油浸漬蔬菜，味很鮮美，如醬黃瓜。

D. 醋漬法—將蔬菜用鹽醃後，再浸入陳醋中，並加白糖少許，如醋大蒜。

E. 糟漬法—用酒糟浸漬蔬菜，如糟萵筍。

F. 糖漬法—用糖浸漬蔬菜，如糖冬瓜。

(四) 麥種推廣

小廿二號—十至十一月，隨時可以播種，每畝約需種子二兩。宜地高畝，宜用清糞，每四五人，最好隨意。仔細

48

(四)耕耙：每方丈加施熟堆肥三十斤，人粪尿十斤，表面加细土，條播間距六至七寸，撒播不要過密，覆土後，蓋草以防乾燥，發芽後間苗，株距一寸。播种期十一月後，株距二寸。定植畦寬二三尺，株距二尺，施堆肥，勿傷根，追肥用人糞尿，中耕除草二次，秋播十二月收穫，冬播翌年三四月可收，每畝產量四千斤。

(五)花椰菜：一七至十一月播种，肥沃而有適度溼潤之粘质壤土或砂质壤土最宜，土质黏則難開花。

育苗畦寬四尺，長隨意，耕耙宜細，先施堆肥，表面加细土後，播間距二三寸，覆土後，盖草，三日至十日發芽，一月後，苗長本葉二三枚時，假植，再移栽，行株距各二尺，每穴下种一株，並以堆肥多用堆肥、廐肥，以歸入草木灰，栽植後三十日及六十日分施稀釋之人糞尿，中耕除草則於栽植後二十日及五十日行之。

(三)、洋蔥

九至十月撒播於輕鬆肥沃之苗床上，覆以細土，輕壓澆水。苗長約三四寸時，移栽於輕鬆土中。行間一尺，株間四寸。以後施肥三四次。栽後約百日可以收穫。在收穫前二週，將嫩莖屈折，可以促進蔥頭成熟。收穫後如欲貯藏，可結紮莖成束，懸掛於空氣流通處，能久不壞。

(4)、德豐豌豆

九至十月直播。行間二尺，株間約一尺，點播每穴三四粒，覆土二三寸。本種莖長約三四尺。明年二三月間成熟。去莢，味鮮，粒大，下種時要多施堆肥及草木灰。

(5)、雪裏蕻

九至十月播種在輕鬆肥沃之苗床，蓋覆細土。遇天氣亢陽，要時時澆水。粗葉抽出四五片，移栽於輕鬆壤土中（稍帶黏性土亦可）。行間二尺五寸，株間一尺五寸，以後施肥多次。至十二月或明年一月即可收穫，乾製醃菜，味鮮可口。在生長期中，須注意蚜虫爲害，可用煙筋水防治之。

(四)、瓢兒白菜

九十月或一二月撒播於輕鬆肥沃之苗床上。粗葉長出四五片時，移栽於砂壤或稍帶黏性壤土。行間二尺，株間一尺，以後施肥二三次，四十日至五十日後即可採食。醃煮均佳，在苗床及本土遇菜蚜及猿葉虫爲害，可噴~~滴滴涕本~~砒酸鉛防治。

(五)、選種榨菜

秋分至寒露撒播於輕鬆肥沃之苗床，覆以細土，遇乾燥，常澆水。粗葉長成四五寸後，移栽於沃砂壤土，或稍黏壤土中。行間二尺半，株間一尺半。施肥除草三四次，三個月後即可採取。醃泡煮食均佳，在生長期中，發現葉萎縮，即蚜虫爲害，可以菸草水噴殺之，間有毒素病爲害時，宜將植株拔出毀滅。

华西实验区农业辅导手册 9-1-1（92）

50

(8) 番茄｜春季二至三月播种，每亩约需种子五钱至一两；苗床先将泥土充分耕锄耙细，畦宽三尺，长一丈，每亩需三畦；然后施人粪尿约一担，草灰二三升，充分混和，上盖细土，再用撒播，间隔四寸，播种后覆土，镇压盖草，早晚灌水，六至十二日发芽，苗长一寸时间拔，长叶五六片时即定植，畦宽六尺五寸，株距一尺五寸，挖穴栽种，晚施粪水，每亩一千六百挑。基肥每亩约需堆肥八百斤，人粪尿六百斤，骨粉十斤，草木灰二十五斤，追肥于栽植后二十日及五十日各施人粪尿三四百斤，加水一倍。移植后灌水，苗高一尺时，立支架，摘除腋芽；一百天即可收获，每亩约产二三千斤。

璧山四寶閣文具印刷廠監印製

12. 小型水利

本区各县乡之农业生产合作社，如因苦旱缺水灌溉，影响作物收成，均可申请贷款，兴修小型水利。

(一)工程种类——以工程简易而收益宏大之小型水利为限，

(1)挖塘筑堰或修整旧有塘堰。

(2)疏通水道。

(二)申请办法：由合作社请区编绘工程说明书及简要工程图，由区主任、辅导员及……审核，如有必要，派员实地勘查，再作最后决定。

(1)编造工程说明书，内容包括下列各项：

A.工程名称、地名、地势。

B.当地水源及受利情形。

C.兴办工程估计所需各项工人及工数。

D.兴办工程估计所需各项材料名称及数量。

E.工程完成后可能受益田亩。

华西实验区农业辅导手册　9-1-1（93）

F. 受益田亩之面积与[illegible]人数。

G. 可能自筹之工料数与筹措方法。

（二）绘制简要工程图。

（三）勘查事项——初步决定即由水利工程队派员实地勘查。

（1）地质勘查：

A. 土质——土质及土层深度。

B. 石质——石质及岩层厚度。

（2）地形勘查：

A. 拟修工程位置。

B. 受水区情况——受水面积，逕流係数及土壤侵蚀情形。

C. 可灌溉之旱地与水田面积。

（3）工资调查：

A. 工资——石工及土工。

B. 雇工难易或自筹工数。

C. 材料估计——石料，木料，粘土，石灰，水泥及砂之采办、搬运、单价及运距。

52

(1)工程完成後土地增產估計。

(2)受益人社員与非社員之比例調查。

(四)貸款條例：

(1)小型水利每一單位工程，貸款總額一千銀元為限，合作社自籌一半，可以勞力材料代替。

(2)貸款期限依工程大小定為一年至四年，利率為月息八厘。

(3)合作社須保證[illegible]，須依工程人員會同縣鄉輔導員指導監督。

(4)工程完竣後即報總處派員會同驗收。

(五)挖塘辦法：

(1)山地梯田，需要塘水灌溉；普通塘的面積多為一二畝，最大的有六七畝；水深多為一至二公尺。

(2)一畝塘約六六七平方公尺，水深一公尺，約可灌溉十餘畝面積的田畝。平均晴天無雨[illegible]

(3)每人每天可挖土方一·二五立方公尺，每天工資需米塘未三七……

所挖塘深度需看地下岩层的深浅，如需要开石土，

开石每立方公尺约需八工，每工应给需食米十二市升。

或石塘（b）堆造石壁，则需加入石工计算。

（5）修整旧塘，铺补塞漏洞，或再挖深，均需实地勘查，再作决定。

（6）挖塘应需根据受水面积及流失情形，如能使天然降水，归聚一塘，所蓄水量，即可供给全受水面积的田亩灌溉之用。

（六）筑堰开渠：

（1）本区河道之流量，平均每秒为○.二立方公尺；每分钟之流量则为六立方公尺。

（2）每亩灌水平均约为八○立方公尺，每日通损失约为百分之一○至四○，灌水一亩估计约需十五至十九分钟。

（3）根据流量及河道的宽度和深度，可以算出灌溉的面积；水浅则筑堰，河堤可以提高水位及流量。

(5)

（4）靠近河道的田地，可以用水车取水灌溉，远处则需开渠引水，如有旧堰塘可挖深或引长以便增加灌溉的田亩面积。

（5）普通枯水时期为十二月至明年三四月，水利工程均在此时开工修建，每年四五月栽秧时期，则为农民需水最急的季节。

（6）沿河地区灌溉，需要抽水机，现因为无此种器械设备，所以主要的小型水利工程，就是挖塘筑堰，和疏引水开渠。

华西实验区农业辅导手册 9-1-1（98）

54

1.農業氣象月曆

（一）一月份—小寒，太寒：

本月序屬隆冬，山茶正開，蠟梅盛花，桑花欲放，氣溫最低，寒威正盛，雨水稀少，雲多霧重，日照甚短，以北風及東北風為主。

農事工作，決定本年剷果樹，果樹正待修剪，果園清理中耕，常須果樹注意防寒，落葉果樹，可用石灰硫黃合劑，塗刷枝幹，防治害蟲。

本月播收之蔬菜有菠菜，豌豆白菜，片葉菜，花椰菜，韭蔥等。

本月開放之花卉有蠟梅，天竹，水仙等。

（二）二月份—立春，雨水：

氣溫日昇，寒威漸減，楊柳萌芽，桃李始花，蜂出蝶見，春光微露，雨量漸加，霧烟漸消，風向仍同上月。

麥田中耕，施肥，油菜開花。

豌豆[illegible]

麦前、蒜芽菜(?)；移植番茄前月。

本月开花者有梅，及豆类栽培之迎春、牡丹。

（三）三月份：惊蛰、春分。

桃花始放，杨柳吐青；蛙鼓初动，杜鹃夜鸣；春色烂漫，晴暖日多；风向仍多偏北，寒暖气流争强；常有乍暖乍寒现象。

小麦、大麦抽穗，油菜、豌豆、蚕豆开花，冬水稻田开始耕耙浸种。

油桐、红苕、瓜类(?)播种育苗。马铃薯可以栽种、果树移栽(?)、嫁接；梨(?)、桃、李、杏花、樱桃花开放(?)，出[illegible]。

菜园催肥施肥，红苕育苗；番茄、茄、辣椒播种、移收(?)蔬菜有雪里红，豌豆尖及莴苣。

木本花卉接木、扦插、播栽，人工[illegible]花接去(?)，[illegible]蜡梅(?)、海棠、迎春、玉兰、樱桃、桃[illegible]、紫荆(?)及杏花开放。

（四）四月份：清明、谷雨。

各地多呈春日景象，樱桃熟，麦穗青，秧苗出水，杨柳成荫，榴花初放，豆子结实。各地风云时起，天气乍阴乍晴；雷雨偶见，[illegible]度渐(?)[illegible]，偶有酷热，几似初夏。

55

插花

小麦[illegible]花、[illegible]中耕、秋田播种、菜子[illegible]、玉蜀黍[illegible]、

大豆的播种、红苕苗圃整理、番茄收获、茄子移植。

常绿果树栽植、接木、插条、[illegible]、人工授粉。

西瓜播种、草莓结果、韭菜收获、[illegible]育苗、直播

蔬菜有菠菜、莴苣、苋菜、茼蒿、冬苋菜、[illegible]瓜、南瓜、[illegible]

[illegible]红豆、扁豆、[illegible]者有[illegible]

[illegible]茄子、番茄、播种、[illegible]

[illegible]

[illegible]播收之蔬菜有菠菜、茼蒿、[illegible]、莴苣、芹菜、

葱、韭、蒜苗。

春播草花播种有雏菊、牡丹、[illegible]、金盏花、

凤仙花、[illegible]、鸡冠花、[illegible]、美女樱、鸡冠花、[illegible]、

一串红、紫茉莉、[illegible]根花[illegible]播种有[illegible]、晚香玉、

唐菖蒲、美人蕉、[illegible]、睡莲、荷花移植、温室

盆花移出：本月开花者有[illegible]

[illegible]桂、竹、香、[illegible]、[illegible]、杜鹃、山

茶、桃、李、丁香、[illegible]月季等。

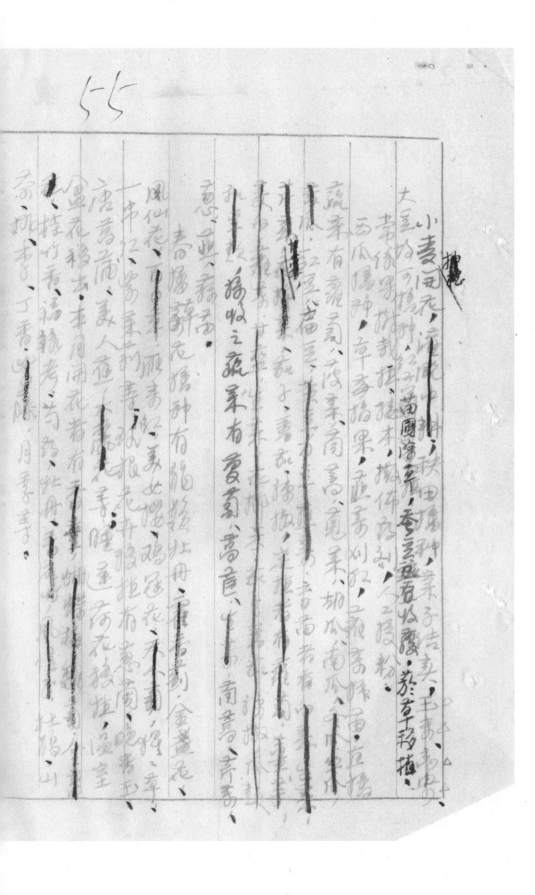

041 公方=8. 11.25

（五）五月份：立夏、小满

月初由春季陆续进入初夏；石榴蔷薇败盛开花，桃李杏梅初熟；枇杷上市；麦类秋熟，割麦插禾，土壤此间栽花。东南风最多，日照蒸发量继续增加，相对湿度之小仅次于（全年）三月。

小麦成熟，收获移栽；芦粟苗圃中耕除草；（蔬菜中耕施肥；）玉米黄豆播种。

桃李摘果套袋；梅子枇杷采收；番茄架豆摘果；洋葱中耕，葱白软化，甘蓝出苗定植，辣椒、茄瓜播收。

翠菊、万寿菊播种，黄山茶茎扦插；月季修剪；菊花摘心。本月可把花苗移至盆……草，矢车菊、虞美人、花葵采、百合、大丽花石播，夹竹桃扦插。

（六）六月份：芒种、夏至。

入夏已久，萤火初见；玉米渐熟，梧桐始花；蜀葵结实，蝉鸣高枝，夏日最长，至……东南风稍多，黄梅时节，间有入霉雨季。

稻田中耕，小麦种收晒干，进仓；红苕移苗定植，油柑苗圃除草施肥。蔬菜摘心去蘖。

璧山四寶閣文具印刷紙號印製

56

果園蔬果嫩蔬、陽荷、莼吧；梅、李、枇杷、楊梅均可採收。
馬鈴薯成熟，十字花科蔬菜播種。冬瓜、豇豆播種，洋蔥、
蒜菜、蕃茄、茄子、胡瓜、絲瓜採收。
蝴蝶梅，福祿考播種，菊花插木。本月開花者有石竹，
雞冠花，鳳仙，牽牛，紫茉莉，月見草，蛇目菊，霜盈草，
百日草、紫茉莉，美人蕉，梔子花，睡蓮，荷花等。

（七）七月份：小暑，大暑。
炎風暑雨，盛夏吉今；地插楊花，大豆成熟，蕃吧蘭香，
綠陰遮蔭。溫度最高，全年之冠，四晝夜，夏季風強，
南風為主，各地雨量減，日照增，蒸發旺盛，雷電頻繁。
北瓜稻開花，早生玉米成熟。馬鈴薯晚熟種，蘿蔔開始採收。
桃、李採收，蔬菜摘心，枯木芽接，西瓜成熟，洋蔥收穫，
西瓜蕃茄、南瓜、冬瓜、豇豆等之採收。
本月開花者有千日紅、晚香玉、唐菖蒲、木槿、紫薇等。

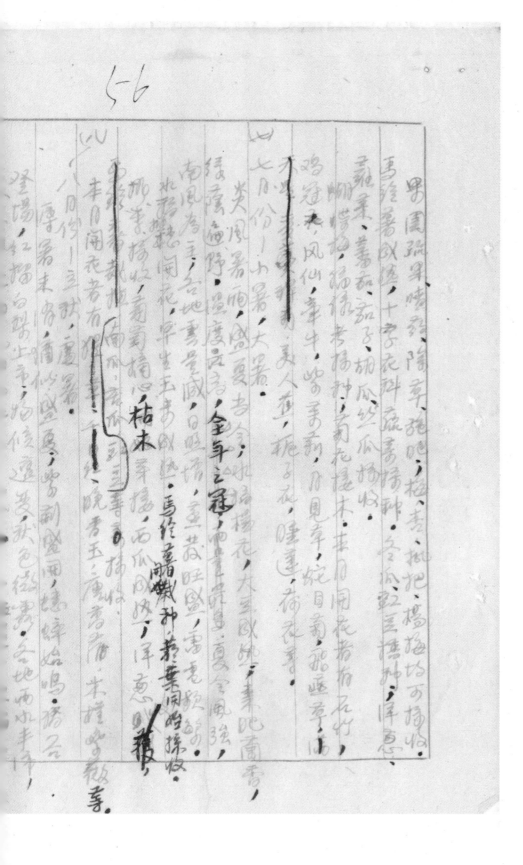

（八）八月份：立秋，處暑。
處暑未客，猶似盛夏；紫薇盛開，蟋蟀始鳴。稻谷
登場，紅橘白梨上市，焰仍遠發，秋色微露。各地雨水豐沛，

水稻收获，晒乾貯藏，红苕中耕除草，翻苕施肥。
果樹芽接，菸葉剝撒除，棉花、西瓜、辣子等採收，播種蔬菜。
秋蠶，萵筍播種，白菜、甘藍、[illegible]、花生等[illegible]繼續
蔬菜[illegible]，稻穀、黍、蕎麥、茄子、綠豆等採收。
留意栽培秋播種，蓖麻、芋頭、月季、[illegible]等開花。

（九）九月份——白露、秋分。

各地先後入秋，燕子絕跡，蟋蟀鳴精，芦花翻白，桂子飄香，金風送爽，暑氣漸消，各地氣溫低降，雨量減少，秋雨綿綿，夜雨晴多，全年風較頭[illegible]，東南風與北風較多。

麥田耕地準備播種，紅苕繼續[illegible]除草，甘藍播種，[illegible]、蠶豆、紅豆、茄子、辣椒採收。

秋播草花播種，菊花摘蕾，秋紅、石蒜、菊等開花。

（十）十月份——寒露、霜降。

各地正行秋令，蟬聲已絕，楓葉始落，菊花初放，雁陣南行，氣溫漸低，雨量大減，風向大体偏北，東北風較多。

璧山四寶閣文具印刷紙號印製

华西实验区农业辅导手册　9-1-1（104）（105）

57

（十一）十一月：[illegible]

[illegible]

（十二）十二月：大雪[illegible]

[illegible]

陽曆每月的節氣，都在固定的兩三天，不必去查日曆，只要記得下面的四句話，就可以立刻知道：

上半年六、廿一，下半年八、二三，

最多只差一兩天。

陽曆節氣最好算。

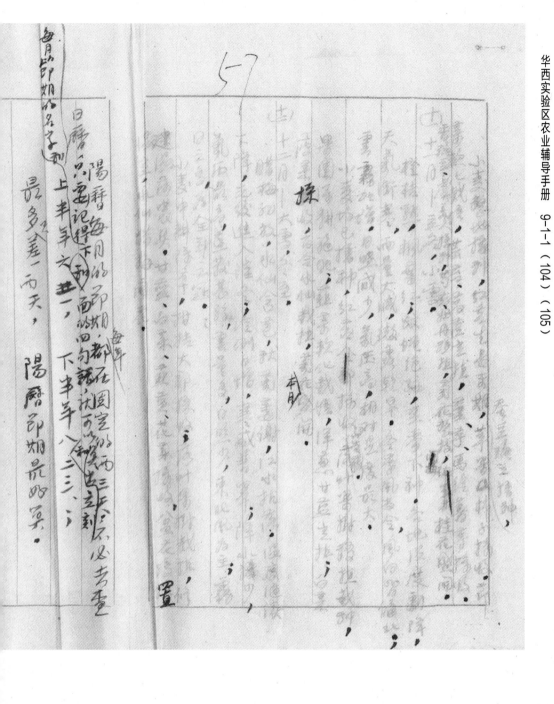

[illegible]華西實驗區

病虫藥劑領用單

年　月　日

藥劑名稱	數量	使用地点	施用面積	用途說明	其他

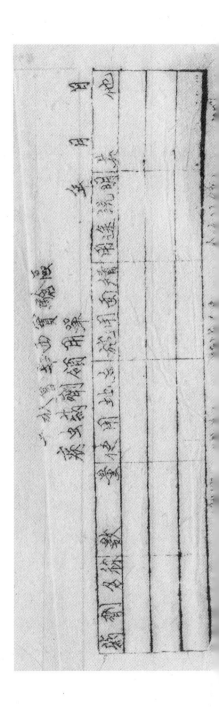

华西实验区农业辅导手册 9-1-1（106）

58

The work of Agricultural Department
West China Experimental Headquarter Office
Mass Education Movement
March-August, 1949

I. General Statement

A characteristics of agricultural work

1. Climatic and soil conditions
2. Seasonal variation
3. Social environment

B. Not an experimental work but a multiplication and extension work to help the farmers directly

C. Multiplication and extension station

1. An organization to contact with the farmers.
2. To establish a total of 24 stations and one at each "supervisory districts"
3. An agricultural graduate to work at each station.
4. The agricultural worker to be called as "agricultural Agent" and working not only at

D. Each season [illegible] farmers
as an unit farm, the cultivated land is 200-300 shi-mow. (33-50 Acres)

II. The multiplication and extension of improved crop seeds

A. Rice

1. Extensed 3 improved varieties multiplicated by National Agriculture Research Bureau — "NA. no.4, NA. 34, and Victory"

2. To multiply at the demonstrated farmers 2112 shi-tan, cultivated in 423 shi-mow (70 Acres)

\# a. Harvested ~~of~~ 2115 shi-tan in this summer.

b. To use this amount of 2115 shi-tan for extension in next season, as an area of 24300 shi-mow (4000 Acres)

3. To extense improved seeds of 29415 shi-tan to the common farmers, cultivated in 5883 shi-mow (980 Acres).

B. Sweet potato

1. An important food crop of Chinese farmers

蓉山四实湖大美印刷社印制

华西实验区农业辅导手册 9-1-1（108）

59

2. Used the improved variety "Nacyhall" introduced to china by mr. Wallace.
3. An amount of 719 shi-chin has multiplied this season on an area of 29 Shi-mow (5 Acres)
4. To use the harvested crop for extension next year as an area of 2320 shi-mow (386 Acres).
5. To extense 4993 Shi-chin of this variety, cultivated on an area of 201 Shi-mow (33 Acres)

C. Tung-Oil tree.
1. To multiply tung oil seeds of 2583 shi-chin as 258000 seedlings for extension in next year on an area of 8600 shi-mow (1417 Acres)
2. To extense 22500 plants in this year cultivated on an area of 750 shi-mow (125 Acres)

D. Tobacco
To extense 877,900 plants of improved variety of "Special no. 400" cultivated on 585 Shi-mow (97 Acres)

E. Vegetable seed

F. Wheat
1. It is going to extense in this winter.
2. 4 improved varieties will be used = NA.28, NA.62, NA483 2419
3. The total amount of 93 Shi-tan improved seeds to be extensed to the demonstrated farmers.
4. Use the "granosan" to control smut disease

III. The Extension and multiplication of livestock ~~and~~ poultry and fish

A multiplicated the pure bread of "yorkshire" and extensed to the farmers for hybrid purpose.
B. To loam money for the farmers to buy bread pigs of "young-chang" local variety.
C. To loam money for the farmers to buy work-cattles
D To raise and multiply poultry and fish for extensed to the farmers.

IV. Parasites, insect pests and Diseases control of Animals and crops.

A. Bamboo-locust control in Bi-shan and Tung-liang

华西实验区农业辅导手册 9-1-1（110）

60

1. During this june and july, there were 21835 farmers to join this work.
2. Killed 14,077,440 locusts and weighted in $3\frac{1}{2}$ tons.
3. Increased an income of 11200 silver dollars for the farmers.

B. Citrus-fruit-fly control in Kiang-chin
1. During this summer (July-October) a member of 120 college students joined this work
2. To teach and organize the fruit farmers for use the insect-pest control

C. To distribute insecticide to the farmers for control vegetable crop disease and insect pests.
1. dusters and sprayers
2. lead arsenate and copper sulphate

D. To inoculate serum for control cattle and pig disease
1. 8000 cattles were inoculated.
2. 1000 pigs were inoculated.

V. Water power and Irrigation
A. A team of 10 college graduates has started for

B. [illegible]
gation system

VI. Preliminary Research work
A. Forage crops and soil conservation project.
B. Farm survey including (1) Land utilization (2) crop system (3) Farm finance
C. Soil survey and climatic data.
D. Agricultural area

VII. Finance supplement to other cooperated institutions
A. National Agricultural Research Bureau, Peipeh station – U.S. $ 5600
B. Szechuan Provincial Agricultural Improvement Institute - Ho-chuan Station – U.S. $ 1650
C. College of Rural Reconstruction – U.S. $ 1600
D. 4 Hsien Agricultural Extension Station – U.S. $ 1200

推广小麦良种须知 9-1-22（61）

32

怎樣拌種——防治小麥病害

藥品說明：今年用的藥品為「谷仁樂生」是一種紫色的粉末種子播種前經过拌種可以防治小麥腥黑穗病稈黑粉病及根腐病

使用法：一兩藥粉（或四十公分）拌一〇〇斤小麥種料最簡單的施用法就是用原來裝藥粉的空鉄桶做拌種器每次拌種五〇斤如果沒有鉄桶其他的鉄桶木桶子也行須要作好盖子麥种放入一部份撒一層藥粉再放一層小麥照这樣把藥粉分幾層夾在种子裡盖好盖子務使嚴密桶子橫臥地上兩人对立來回在地上滾動約須十分鐘即行取出

注意事項：

（一）無論用任何桶子均須有盖子免使種子及藥粉漏出

（二）「谷仁樂生」藥粉有毒分發拌种的時候工作人員必須用口罩護防中毒

（三）經过處理的种子不可食用也不可喂牲畜家禽

（四）乾燥种子處理之後播种之前不可受潮

（五）对於施用藥粉務須謹慎行事施用过多影响种子發芽力过少無效

需要播種若干即拌若干

本通今年收購小麥良種會派農業技術人員前往各地指導農民施行田間去雜工作对於收購种子純度经过嚴格選擇現在分配各地种子保証純潔在運送途中亦曾分別包裝書明品种名稱及其重量我們要求各地工作同志於麥种運到後妥為保管分發農民時務須嚴格注意機械混雜同時教育農民拿回家後務必分開保存單独栽种並當預備一塊种籽田在抽穗後至成熟時嚴格拔除不同樣的植株和穗子成熟時最好能選拔單穗留的种子儲藏和翻晒都要小心避免混雜最好用罈子封裝

推广小麦良种须知　9-1-22（63）

33

推廣小麥良種須知

介紹幾種改良小麥

(一)中農廿八號(又稱落霞)

特性：原產意大利晚熟種在川東一帶栽培為中熟品種稈不粗壯矮不倒伏耐肥力特別強穗短緊密結實產量高無芒穎殼紫褐色種籽棕黃分蘗力強成熟期整齊冬季發育緩慢在冬天看起來生長特別壞但到春初生長迅速

優點：無黑穗病產量高耐肥不倒品質好出麵粉多

缺點：稈粗短不適編草帽瘦地生長欠佳成熟期晚種在乾田裡收穫後插秧稍嫌過晚穗極碎收穫時易斷

栽培上應注意的問題：因為成熟較晚最好提前播種在寒露前後下種應種在肥土裡多施肥料

(二)中農六二號

特性：中熟小麥喜沃土莖稈細長分蘗力弱穗長無芒粒小稀穎殼白色

優點：產量中等莖稈可編草帽麥粒大顏色白皮薄出粉多

缺點：分蘗力差稈高易倒伏

特性：特别早熟分蘖力差芒长出穗至成熟前穗成浅黄色微倒伏

优点：品质好无黑穗病成熟早可以调剂青黄不接的食粮不易倒伏

茎细可编草帽

缺点：因成熟过早产量欠佳不能耐肥微有倒伏

栽培上应注意的问题：每窝多播数粒播种期应在霜降左右为宜因

为成熟期特别早易遭鸟害推广时应採取集中方式最好在河边

沙壤土

（四）中大二四一九号

特性：原产意大利麦穗略带红色有长须麦粒大呈浑白色植株

高秆普通种早五六天成熟抗病力强丰产

优点：适应性大抗病力强丰产质佳麦粒整齐皮薄耐肥早熟可与水

稻轮作

缺点：瘠薄土壤生长不良

栽培上应注意的问题：应种在肥土因为特别早熟播种期不宜过早

推广小麦良种须知　9-1-22（65）

34

會上最好把申請不實在的農民揭發出來以期突破一點搞好評議工作

(5)進行拌種：在換種數量決定後即進行谷樂生拌種工作

(6)劃定特約農家：各農業生產指導所應在播種前選擇一二戶熱心積極農戶作特約農家本地品種與良種比較試驗

二、進行換種

三、檢查指導：指導農民勿把種子混雜到播種時期應利用農民組織實行檢查要求達到全領全播之目的

四、登記農家播種品種名稱數量及播種面積（市石）以為技術指導收購檢查成績之參考

五、附註：如本區種子不適當地氣候條件而致農民蒙受減產損失時可酌予賠償

华西实验区一九五一年小麦良种繁殖推广计划 9-1-22（66）

35

華西實驗區一九五一年小麥良種繁殖推廣計劃

壹、工作方針：本區種子在收購前均進行了田間去雜除劣工作，種子純度較高，所以希望各該農業生產指導所在業務範圍內進行繁殖工作，以備明年收購及換種之用，如種子有餘時，再選擇鄰近條件較好地區辦理推廣。

貳、換種原則：換種在原則上應依照政府用黃谷掉換方式，但為了避免貯藏的困難，換種方式照本區收購時價格每斤麥種合中熟米〇·七五市斤，各農業生產指導所在發種時按當地米價折收人民幣，于工作完畢後繳回本區，但如實有困難時可按照具體情況採貸放方式，明年加一收回。

叁、各區種子及拌種藥劑（谷仁樂生）分配數量：如下表

指導所名稱	分配種子數量（市斤）				需用谷仁樂生數量（市兩）
	中農28號	中農62號	中農483號	中大2419號	
楊家祠	1000	900	1000		29
[illegible]灘河	1500	1200	1500		42
巴縣	400	400	400	200	18

[illegible]	700	600	700		20
[illegible]	200	[illegible]	200	50	6.5
[illegible]	200	200	200	50	6.5
[illegible]	5000	4300	5000	300	149.5

肆 工作步驟

一、準備工作：（限寒露——十月九日前完成之）

(1)學習推廣小麥良種須知：根據實地情況結合討論在工作中應注意的問題及議定實施細則。

(2)宣傳：利用集會或個別訪問等機會口頭及文字的宣傳繁殖良種、小麥的好處，各項良種的習性，栽培應注意事項，推廣辦法及中央號召糧食增產的政策等，使農民思想上先有準備

(3)申請登記：號召農民根據自己的條件申請所需品種及數量，

(4)調查、評議：調查各農户生產條件與申請種子類別及數量，並在適合後經過農協會或農民小組進行評議，在評議

华西实验区农业组张石城编农业研辅教材《农业辅导手册》合订本　9-1-29（97）

.51

農業輔導手冊

農業研輔教材合訂本

編輯者：張石城

52

前言

鄉村建設是一個新興的事業，也是一件偉大的工作；是勞苦農民迫切的需要，也是復興農村基本的要求。我們都是鄉建工作中的同志，現在能有機會深入了農村，接近了農民，也許會对於中國的農業問題，認識更多，体驗更深。因為目前事实的需要，為了輔導推動全區的農業改進工作；我們都希望多找一点实際的資料，藉以明瞭本區一般的農情概況；但因人力和時间的限制，無法親到各地去作詳尽的实地調查；現在只得已經搜集到的農業資料，編成這本「農業

輔導手册」，以供各區農業工作同志的資參考，並

為慶祝本區成立三週年紀念，謹此献給

諸位同志，敬請教正！

——編者——

三十八年十一月十二日於農業組

農業輔導手冊

目錄

3. 輔導區農業工作之推進

4. 農業推廣繁殖站之設置

四、農業參攷資料选集

1. 改良稻種

2. 改良麥種

3. 推廣南瑞苕

4. 推廣小米桐

5、栽培美菸

6、栽培甜橙

7. 種猪飼養

54

55

本區之地理環境

農業研輔教材之一

編者：張石城

璧山四寶閣文具印刷紙號印製

56

1

一、本區之地理環境

1、地形：本區位於四川之中南部，南與貴州接壤，全區十縣一局，地在溫帶而偏南，略顯亞熱帶性氣候。因此距海頗遠，處於西南腹地，濕氣輸送不易，颱風侵入極難；區內邱陵起伏，土質赤黃，正當四川盆地中部東南，渠江以西，沱江以東地帶。嘉陵江源出於陝甘，南流至合川，與涪江會合而入長江。山勢由北而南，或由西北走向東南，主峯高逾一千公尺；山嶺分離，崗阜僅高五十至二百公尺，多為崎嶇不平之邱陵地帶。本區海平高度以嘉陵江、涪江河谷及長江沿岸最低，約二百至四百公尺，餘地多在四百至九百公尺之間。

鄰水間之華鎣山為脊背，高出海面一千五百六十公尺，向西南分枝，高度漸減，山脈漸不顯著，以進於邱陵地形。

華鎣山之南，最東者為龍王硐背斜層，至江北縣復興場感应寺已漸消沒，走向甚短。

其西為觀音峽背斜層，北起合川縣三滙堰，中經北碚土沱，南越嘉陵江，再經磁器口、白市驛、而達銅罐驛、貓兒峽長江之南。

更西為溫塘峽背斜層，北起太和場，中經溫泉、青木關、采鳳驛、南至江津之油溪場，長江北岸，大部均在璧山與巴縣江津之間。

最西為瀝鼻峽背斜層，北自三滙堰與觀音峽背斜層分枝，向南經鹽井溪、馬坊橋，以至花果山，適為璧山與銅梁、永川之分界。

57

-2

永川縣之东山為澮鼻峡背斜層之一枝，永川縣之西箕山在銅梁則称為東山，自身為一背斜層，夾介於永川、大足與銅梁三縣之間。

永川縣城之南有黄瓜山，與前者不相連繫，其西北更有小山嶺，北起双石橋，南經新店子，以至排山坳，長僅十餘公里。自排山坳之西北起，向西南行為古彿山，平行其西北者為石燕橋螺觀山背斜層，均為本區最西之山嶺。

永川以東各山，皆與華鎣山枝理相連，高出地面約在三百公尺以上；以西各山則皆彼此分離，此起彼伏，延長不遠，高度約在二百公尺以下，故可称為邱陵地形。

華鎣山之東為同羅夾背斜層，由東北向[illegible]，至[illegible]

西達涑洞鎮，形成南岸諸山。

本區最東為明月峽背斜層，或称東山，过長江而為木洞上游之明月峽。

(1)華鎣山——脈自宣漢、達縣來，綿亘於本區合川（慶合鄉、石龍鄉）江北（中興鄉、同仁鄉、偏岩鄉、太和鄉、靜觀鄉）及第十區之長壽、鄰水、廣安、第十一區之岳池縣，西南展為三支，踰嘉陵江構成嘉陵三峽，（鹽井峽、溫塘峽、觀音峽皆在北碚附近）平均高度為一千公尺，主峯在廣安、岳池、鄰水三縣間，高出海面一千五百公尺。

(2)秦[illegible]山——自本區璧山、合川兩縣邊境嘉陵江岸之筆架山、九峯山起，蜿蜒西南行，綿亘於本區璧山與銅梁边境，至永川之九龍場分

鎣山四寶閣文具印刷紙號印製

58

3

為二支，一支沿永川與銅梁交邊境西南行，稱為箕山，止於永川之石時合鄉；

一支沿永川與璧山邊境南行，稱為橫斷山，至隆齊鄉，稱為雲霧山，止於

永川之聚義鄉，一般高度九百公尺，主峯為永川與銅梁間之老箐鎮，

拔海一千二百公尺，至黃瓜山乃此餘脈。

(3)黃瓜山——自永川縣城南之嘉阜鄉起，蜿蜒西南行，經文峯、双

鳳、五間、仙龍各鄉，而止於吉安鄉；一般高度六百公尺，主峯為文峯

鄉之象鼻嘴，拔海八百公尺。

(4)西　山——自本區銅梁縣城之南玉龍鄉起，蜿蜒西南行，稱巴岳

山，綿亘於銅梁、大足兩縣邊境，而止於永川之太平鄉，自永川之双石鄉

復起，蜿蜒西南行，經[illegible]山，至[illegible]鄉、[illegible]鄉、[illegible]

經双河鄉西止於清河鄉。巴岳山与陰山統称西山，一般高度為八百公尺，主峯為銅梁縣境福果鄉之白象嶺，拔海一千公尺。

(5)寶峯山——自北碚澄江鎮之縉雲山起，蜿蜒西南行，綿亘於巴縣璧山二縣之間，至璧山青木关称寶峯山，至巴縣曾家場称虎峯山，至璧山江津(臨峯鄉)間称華蓋山，止於江津德感鄉之仰天窩、篆坪山；一般高度六百公尺，主峯為虎峯山，拔海一千公尺。

(6)双寨山——自巴縣梧龍鄉之石嶺山起，向東延至巴縣花橋鄉称双寨山，折而向北，綿亘於巴縣與第八區之南川縣間，止於巴縣豐鄉之尖峰嶺；一般高度六百公尺，主峰双寨山，海拔九百公尺。

(7)巴蕉遂山——巴蕉遂山，位於本區綦江縣与貴州省鰼水縣之边境

璧山四寶閣文具印刷紙號印製

蜿蜒西北行，綿亘於本區江津與綦江之边境為老龍坪、紫荊山，止於鮮
河流之本瓜溪。

(8)燕頭山——自江津與貴州䌁水縣边境起，為四面山，向西北綿亘於江津與合江之边境為白馬山、燕頭山，而止於石基鄉之登雲，一般高度八百公尺，主峰在江津三合鄉之白馬山，拔海一千公尺。

(二)河流：本區之主要河流有三：長江幹流由西南而趨東北，嘉陵江與涪江渠江在合川相會，向南横穿諸山，構成三峽，直趨重慶與長江會合；順流而下，運輸称便。綦江河則在長江之南，由東南而趨西北，區内小溪細流甚多，但少舟楫之利；諸水均由四周流向中心，而以長江為其归宿。

(1)長　江——源出於青海，称金沙江，南流橫貫西康會雅龍江東北流至宜賓，會岷江始称長江；東流經瀘縣、合江等縣入本區境經江津、永川、巴縣、江北等四縣，出境而東流入海。

(2)嘉陵江——源出於甘肅嶓家山，称西漢水而流入陝西，會東河称嘉陵江；經廣元、南充、武勝等縣，而入合川縣境，會渠河及涪江複南流，經北碚、江北、巴縣，至重慶入長江。

(3)渠　江——源出川北米倉山，會南江通江南下，过渠縣、廣安、岳池，而入本區合川縣境，匯入嘉陵江。

4.涪　江——源出於松潘，經平武、江油、綿陽、三台、遂寧入本區合川縣，匯入嘉陵江。

60

1-5

(5)綦　江——源出貴州桐梓縣，經松坎西北流，橫貫本區之綦江江津兩縣，在綦江縣之三溪鄉會蒲河，至江津之[illegible]溪鄉會笋溪河，入長江。

(6)小安溪——源出本區永川之陰山（即西山），東流入銅梁，會大足之瀨遠河（亦称玉龍河），至合川注入涪江。

(7)崇香河——源出本區之大足縣，西南流入榮昌，称瀨水，至七區之瀘縣注入沱江。

(三)土壤：本區土壤多為幼年紫棕壤，或称紫色森林土（中性紫色土壤），其特徵為輕度酸性或中性，紫棕色、棕色或紅棕色表土所合成，厚十五至五十公分，其下則有紫色或紅紫色粘土或粘壤土，深達三十至一百公分以上不等。

[illegible]

分以上者，殊不多見。其母質係紫色與紫紅色頁岩，泥壤岩，及砂岩，母質多屬軟性，易於風化成土；一面土壤迅速生成，一面新生土壤隨沖刷而去，故成土與沖刷兩種作用適足抵消。且因土壤甚淺，農民每當耕作時，攜發其下之軟性頁岩及砂岩，無形中促速岩石變化為土壤。

土壤水分大抵來自細雨濃霧，故能不因急雨而淹浸，乾燥而龜裂，常能保持濕潤狀態。若其不然，則今日大部生產高地，均已毀於沖刷作用。

在狹小谷地及坡地內，無論何處，如有水源可資灌溉，則紫棕色土壤皆种水稻；且以地（其終年水淹，故雖有灰班點，常保溼潤之各區，紫色漸趨消失，土

61

壤渐炭灰色，而多雑有锈斑，称為紫色水稻土，甚為肥沃，為本区作物生產之主要土類。山嶺高地則多黄壤，幼黄壤及準灰壤，限於地形，紫土區域之不能灌溉者，咸種紅苕、玉米、小麥、蚕豆、桐樹及其他高地作物，此等亦經灌溉之土地，均已建為傾斜之梯田，以防土壤冲刷；然因其作物行列，不循自然之等高綫，而多沿山上下，遂令梯田之利，半歸烏有；据云，所以如此，乃在便利排水，常見農民將被冲刷之土壤，運回山上，还諸原田。

不適農作，可種森林或牧草。

(四)地域利：本區壩田夏季主產水稻，冬季多產小麥；山地則產紅苕、玉米、高粱、蚕豆，較高山坡區產桐、竹；常見岩石山麓之小塊土壤，亦多生長玉米。山坡區域之大部份，如其土壤足厚，莫不建為梯田，以种水稻，山地面積耕種之大，至足驚人，多數均為边際土地，生產低減，合農地殘缺，農

自然植生，重要樹木多為松、柏、杉、榕、楝、樹，普通果產則多桃、杏、桔、柿，特產則為桐、竹、

區內運輸多賴人力，但凡河流可航之地，船運頗為重要；外界市場接近不易，運輸要道惟賴長江；其他公路暢通之地，運輸尚便；農產多在區內銷售，桐油、猪鬃則為本區外銷之主要資源。

76

-7

二、氣象：本區各縣地居温帶，接近亞熱帶氣候；璧山、江津、綦江等地每月平均温度達攝氏二十度者，有六個月以上；年平均温度亦均超過攝氏十九度，氣溫年差約在廿五度以下。氣壓年差約在十四至十六公厘之間；濕度平均頗大，普通多在百分之七十七至八十六之間，常年氣候頗為濕潤。

本區各縣一月份平均温度皆在攝氏六度以上，最低温度平均在攝氏三度以上；七八月平均温度皆在攝氏二十七度以上，最高温度平均多在三十三至卅八度之間，冬暖夏熱，極為顯著。

全區各縣冬季降雨稀少，殆成普遍乾旱現象；普通降水總量僅佔年雨量百分之四·七，而且夜雨特多，秋雨頻繁；夏季則多雨，量豐沛，本期約佔年雨量百分之四七·二○。

全年多雲，霧，霧日多，冬季濕度重，雲霧時間多，霧日平均年多

生十六天以外，霜期甚少；一月日照最短，生長期長，全年皆宜農作。

（一）温度—本區各縣年平均温度平均為攝氏一八．六度，綦江最高為

一九．四度，銅梁最低為十七．六度；一月份平均温度平均為攝氏八．一度，大足最

低為六．六度，江津最高為八．八度；七月份為攝氏二八．四度，榮昌最低，為

二七．四度，璧山最高為二九．〇度；八月份平均温度以江津最高達二九．八度，

江北二九．四度，綦江一九．二度。（附表二）

附表一 各县每月平均气温表

县名/月份	北碚	璧山	铜梁	合川	江北	綦江	江津	永川	荣昌	大足
一	8.1	8.5	8.3	8.5	7.9	8.4	8.8	8.4	7.7	6.6
二	9.6	10.3	9.8	10.2	10.0	10.9	10.4	10.2	9.5	9.3
三	13.9	14.4	12.7	14.3	14.5	15.6	13.6	14.3	13.5	13.2
四	18.8	19.0	18.3	19.1	19.0	18.9	19.1	18.9	19.1	18.0
五	23.2	23.6	23.6	23.5	24.2	24.1	23.7	23.2	25.2	22.7
六	25.0	25.4	25.0	25.2	25.4	26.3	25.9	25.2	24.2	24.7
七	28.7	29.0	28.9	28.7	28.5	28.4	28.3	28.7	27.4	27.7
八	28.6	28.8	27.1	27.9	29.4	29.1	29.8	28.9	28.3	27.6
九	23.9	24.4	23.7	24.1	23.6	25.3	23.4	24.0	20.5	23.3
十	19.1	21.4	19.8	19.5	19.6	20.7	19.9	19.7	20.2	18.6
十一	13.7	14.7	14.4	14.0	13.5	14.5	13.9	14.3	14.2	13.6
十二	9.5	9.8	10.4	9.8	10.6	11.1	10.2	9.9	9.9	9.7
全年	18.5	19.1	17.6	18.7	18.9	19.4	19.0	18.8	18.5	17.9

材料来源—刘世楷四川气候志（2[illegible]-35年）

六、雨量——本区各县年雨量平均为八二七·九公厘，江北最多为一三三0·三公厘

四七（附表三）

附表二　各县每月平均雨量表

月份＼县名	北碚	璧山	铜梁	合川	江北	綦江	江津	永川	荣昌	大足
一	9.9	3.9	1.1	3.0	19.2	8.0	8.4	6.9	9.0	8.6
二	16.9	10.0	6.2	7.9	22.9	9.2	14.4	10.6	17.5	11.8
三	39.1	26.4	11.1	30.4	56.6	26.5	34.0	30.8	30.2	25.0
四	73.0	37.6	31.6	61.7	126.5	77.0	64.7	42.9	41.2	31.2
五	114.4	42.6	24.5	110.1	138.8	112.0	116.0	89.0	88.8	64.3
六	186.8	61.5	56.3	202.3	212.5	98.1	148.8	111.8	128.5	103.6
七	173.7	76.9	63.8	175.2	181.7	186.3	163.1	148.8	149.9	59.0
八	150.4	101.5	49.3	110.5	148.3	126.3	146.1	112.1	174.5	85.1
九	118.6	63.7	29.4	112.5	242.0	107.2	112.7	89.1	127.5	64.7
十	104.9	44.3	21.9	104.8	125.3	103.8	84.3	68.8	66.3	50.5
十一	50.8	22.0	10.4	48.0	32.0	53.4	45.1	27.6	23.4	23.0
十二	22.1	16.0	11.6	19.8	24.5	19.3	25.8	18.6	11.9	8.5
全年	1062.6	508.4	327.2	991.2	1330.3	937.1	963.4	757.0	868.7	543.3

材料来源——刘在楷四川气候志，（26-35年）

璧山四宝阁文具印刷纸号印製

华西实验区农业组张石城编农业研辅教材《农业辅导手册》合订本　9-1-29（145）

华西实验区农业组张石城编农业研辅教材《农业辅导手册》合订本 9-1-29（148）

(三)湿度——本区各县全年相对湿度平均为八一·七，永川最低为七七·五，合川最高为八六·一。（附表三）

附表三 各县每月平均相对湿度表。

县别/月份	北碚	璧山	铜梁	合川	江北	綦江	江津	永川	荣昌	大足
一	81.9	80.9	83.7	88.2	78.4	87.5	86.5	79.2	87.2	84.8
二	77.8	83.1	78.4	86.7	76.7	86.7	87.9	77.3	84.0	74.4
三	76.9	79.9	75.4	83.1	78.3	83.4	83.4	76.4	70.8	82.6
四	74.9	80.6	74.4	84.1	74.4	83.3	80.2	76.2	75.8	81.9
五	74.0	72.8	70.8	83.1	74.0	80.7	79.9	73.5	76.8	80.5
六	81.5	81.3	78.3	87.4	87.1	83.2	82.4	77.8	79.8	81.3
七	77.0	84.2	78.2	83.4	78.5	81.9	81.1	76.3	80.0	80.3
八	74.6	82.0	76.7	81.3	72.9	77.5	77.4	76.2	81.6	80.4
九	81.0	84.7	81.3	85.8	87.1	78.9	88.1	80.5	72.8	83.9
十	84.7	83.6	83.3	90.9	85.2	79.2	87.6	80.4	88.0	84.8
十一	87.5	85.3	83.9	87.9	85.5	78.6	89.6	78.4	84.8	83.9
十二	86.2	84.1	84.7	91.4	83.2	79.0	91.0	~~77.2~~ 78.1	87.9	82.5
全年	79.8	81.6	79.3	86.1	80.9	81.6	84.5	~~77.7~~ 77.5	80.5	82.8

材料来源——刘大悲、四川省经济（26-35年）

78

9

（四）蒸发量：一年之各县全年蒸发量平均[illegible]

附表四　各县每月平均蒸发量表

月份＼县名	北碚	璧山	铜梁	合川	江北	綦江	江津	永川	荣昌	大足
一	31.4	23.1	10.3	15.6	46.9	28.2	18.9	21.9	13.6	19.0
二	38.7	31.0	10.1	21.2	54.4	36.4	15.7	23.3	21.9	23.6
三	57.4	61.2	27.4	30.5	92.3	69.8	40.9	39.6	34.3	25.8
四	76.9	63.6	52.7	36.1	93.0	76.8	47.3	44.8	49.8	48.3
五	95.8	~~142.7~~ 147.7	70.9	60.9	93.9	107.6	59.6	64.4	54.2	72.1
六	66.8	71.6	49.8	51.7	82.9	106.6	50.7	52.2	45.7	46.3
七	92.6	125.3	61.9	80.1	126.9	122.6	66.9	73.9	51.2	76.0
八	102.8	106.0	62.4	84.7	122.7	119.2	66.4	20.4	41.9	74.0
九	68.1	164.6	47.0	53.7	56.5	94.6	41.2	48.0	28.4	23.8
十	42.0	73.5	37.8	32.3	58.7	48.6	34.9	38.8	24.0	22.7
十一	27.9	39.5	62.2	23.7	105.0	33.6	22.9	28.3	17.9	19.1
十二	26.0	22.1	18.7	16.8	44.3	32.6	16.7	20.3	23.8	18.4
全年	60.7	77.4	39.5	42.3	81.6	73.0	39.7	29.9	33.8	40.8

材料来源：刘世楷：四川气候志（26-35年）

四寶閣文具印刷紙號印製

华西实验区农业组张石城编农业研辅教材《农业辅导手册》合订本　9-1-29（147）

华西实验区农业组张石城编农业研辅教材《农业辅导手册》合订本　9-1-29（149）

79

本區之農業概況

農業研輔教材之二

編者：張石城

璧山四寶閣文具印刷紙號印製

80

2-1

……本區之概況

1. 人口與耕地

全區十縣一局，根據三十六年四川省民政所統計，人口總數為五，三一九，五二五人，其中農民佔百分之八一·四，約共八○萬戶，四○○萬人，自耕農佔百分之三一·八，佃農佔百分之四四·七。北碚情形特殊，農民人口僅佔百分之三四·七，其中自耕農佔百分之五六，佃農佔百分之三三。

全區土地總面積共為二八，三○一，七七九市畝，耕地面積佔百分之三三·八，共為九，五五四，三○二市畝。其中水田佔百分之五五·一，旱地佔百分之三四·九；荒地面積共為八七七，九四○市畝。（附表五）

璧山四寶閣文具印刷紙號印製

华西实验区农业组张石城编农业研辅教材《农业辅导手册》合订本　9-1-29（151）（152）

81

2-2

附表五　各縣人口與耕地面積估計表

縣別	全縣人口	農民(%)	自耕農(%)	佃農(%)	土地總面積(市畝)	耕地面積(市畝)		荒地面積(市畝)
						水田	旱地	
巴縣	810,134	83.4	17.5	67.5	4,375,680	1,382,400	232,400	186,570
璧山	338,153	86.3	42.5	38.0	1,066,385	306,063	380,168	41,700
銅梁	373,317	78.8	40.0	50.0	2,217,750	636,803	312,786	28,600
合川	704,472	77.8	33.2	47.0	4,258,415	588,300	588,300	128,500
江北	540,726	85.2	30.0	52.5	3,250,635	497,612	582,238	81,650
綦江	403,993	80.7	42.5	40.0	2,358,605	420,011	388,211	81,060
江津	838,633	82.0	15.0	51.0	4,878,825	333,238	368,048	167,480
永川	352,968	82.5	25.0	15.0	1,932,570	278,613	517,187	83,470
榮昌	347,150	78.4	40.0	45.0	1,348,820	264,420	488,770	25,600
大足	364,431	76.3	32.3	41.3	1,873,280	483,840	161,280	28,150
北碚	121,468	34.7	56.0	33.0	238,134	46,816	84,182	3,150
總計	5,015,025	81.4	31.8	44.7	28,301,338	5,264,716	4,289,585	877,940.

附註：1. 全縣人口係根據民政所36年統計
2. 農民人口百分比係37年農政所調查
3. 自耕佃農兩項百分比係37年農政所調查[illegible].
4. 土地總面積係根據四川省陸地測量局31年造送表字

璧山四寶閣文具印刷紙號印製

华西实验区农业组张石城编农业研辅教材《农业辅导手册》合订本 9-1-29（153）

82

-3

2.作物与生产

冬季作物以小麦为主，全区栽培面积共为一三三万市亩，常年产量二〇二万市担；主要产地为巴县、江北；每亩产量平均为一〇四市斤。其次为蚕豆，全区栽培面积共为一〇九万市亩，常年产量一三〇万市担；主要产地为江津、江北；每亩产量平均为一二〇市斤。大麦、豌豆及油菜籽之全区产量均为二〇十余万市担。

担

夏季作物以水稻为主，全区栽培面积共为三二〇万市亩，常年产量一七四万市担；主要产地为合川、江北、巴县、江津；每亩产量平均为三〇〇市斤。全区玉米栽培面积共为五二万市亩，产量一一〇万市担；以江北栽培最多，每亩可产二四〇市斤。全区高粱栽培面积共为三五万市亩，产量九一万市担；以合川、璧山为最多，每亩可产

多每畝可產五00市斤全區蔗草栽培面積不足五万市畝產量約共六万市担，以江津、綦江為最主要產地。（附表六、七）

特產柑橘以合川、江津、巴縣為中心，全區共有柑橘八0万株，年產一一三六五万枚，約佔全省產量之半。桐油產量全區約共五万市担，以合川、江津、巴縣栽培最多。其他特產有巴縣之板鴨、榨菜，璧山之黃花、蔬、酒，銅梁之紙、茶、摺扇、篾席、冬筍，江北之榨菜，綦江之茶葉，江津之麻布，永川之乾酒、豆豉，榮昌之夏布、豬鬃，大足之藍靛、紙傘、棕繩、棕扇，北碚之西瓜、香蕉，均為本區主要之農產加工及鄉村副業。本區之主要牲畜水牛黃牛合共六四万头，平均每農家四户有牛三头。全區養豬約有二00万头，平均每家有豬二、五头。全區養雞約共四00万隻，平均每家有雞五隻。北碚現有耕牛一四六八头，養豬一九五二四隻，其他牲畜數目不詳，故未列入計算。（附表八）

製印號紙刷印具文閣寶四山璧

华西实验区农业组张石城编农业研辅教材《农业辅导手册》合订本　9-1-29（155）

附表六　各縣主要作物栽培面積估計表.

縣別	冬季作物					夏季作物				
	小麥	大麥	蚕豆	豌豆	油菜	水稻	玉米	高粱	红苕	菸草
巴縣	187	64	144	67	115	381	53	27	64	7
璧山	75	97	78	37	51	286	36	56	26	1
銅梁	102	52	76	28	30	313	50	18	35	1
合川	112	46	118	118	171	384	46	65	52	—
江北	168	65	142	72	35	435	174	41	18	1
綦江	62	13	13	13	8	73	20	26	33	11
江津	122	26	272	33	61	488	45	25	50	20
永川	75	51	30	24	102	268	55	37	24	1
榮昌	124	50	66	65	108	268	6	41	87	2
大足	160	1	46	40	77	315	1	11	36	1
北碚	28	11	45	13	2	41	31	2	38	—
總計	1227	476	1091	510	761	3263	517	350	465	45

材料来源：四川農業改進所三十七年調查　單位：千市畝.

83

-4

附表七：　各縣主要作物常年產量估計表

縣別	冬季作物					夏季作物				
	小麥	大麥	蚕豆	豌豆	油菜	水稻	玉米	高粱	红苕	菸草
巴縣	330	88	112	90	122	1,536	136	71	420	11
璧山	144	136	131	58	45	1,080	72	145	134	2
銅梁	175	68	83	42	30	1,121	110	50	175	1
合川	123	58	152	161	171	1,684	78	170	217	—
江北	336	84	220	98	38	1,648	382	107	108	1
綦江	102	14	14	15	7	248	41	67	248	18
江津	200	30	306	63	47	1,401	66	64	167	22
永川	137	70	41	37	98	1,121	145	96	132	2
榮昌	184	63	77	80	73	885	9	106	381	3
大足	175	1	42	36	46	708	1	28	150	1
北碚	43	16	65	17	2	112	48	3	178	—
總計	2008	638	1363	698	678	11,337	1107	808	2310	62

材料來源：四川農業改進所三十七年調查　　單位：千市担。

璧山四寶閣文具印刷紙號印製

华西实验区农业组张石城编农业研辅教材《农业辅导手册》合订本 9-1-29（157）

附表八　各县果木特产及牲畜数目估计表

县别	果木特产		牲畜数目（头只）						
	柑橘（万斤）	桐油（市担）	水牛	黄牛	猪	羊	鸡	鸭	鹅
巴县	2,360	9,096	94	27	457	51	892	384	36
璧山	10	734	16	11	101	60	213	91	17
铜梁	—	6,251	41	8	172	13	277	121	6
合川	4,520	14,945	34	47	331	181	812	257	44
江北	—	3,594	57	14	324	51	664	145	41
綦江	362	1,556	55	19	98	8	165	112	4
江津	3,620	9,922	68	6	160	92	373	260	17
永川	—	116	49	12	146	49	166	135	5
荣昌	—	—	38	7	116	15	217	29	14
大足	—	—	26	11	80	7	135	41	8
北碚	503	1,732	—	—	—	—	—	—	—
总计	11,365	48,071	478	162	1,985	527	3,904	1,575	192

材料来源：四川农业改进所统计室。

84

5

85

本區之農業工作

農業研輔教材之三

編者：張石城

已制卡

璧山四寶閣文具印刷紙號印製

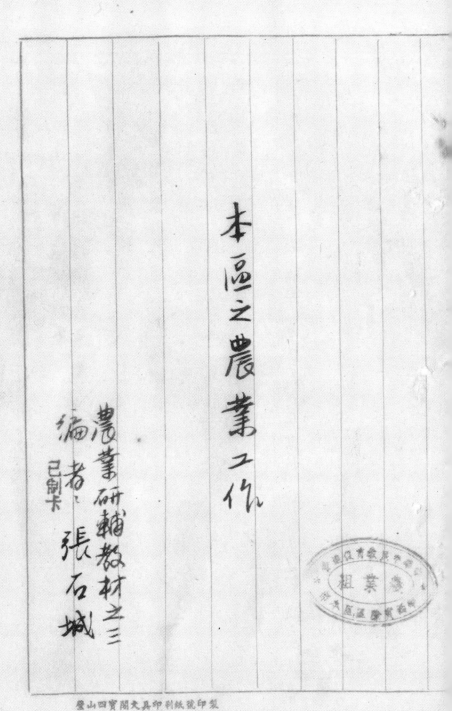

华西实验区农业组张石城编农业研辅教材《农业辅导手册》合订本 9-1-29（159）

86

3-1

三、本區之農業工作

1.農業工作之重心：

(一)組織表証農家，設置農業推廣繁殖站，達成良種推廣制度。

(1)麥稻良種之合作繁殖，

(2)推廣良種之檢定收購：

(二)輔導農業生產合作社，推廣繁殖良種，改進農業技術，增加農業生產。

(1)稻、麥、茶、桐、甜橙、蔬菜等種苗之繁殖推廣，

(2)雞鴨魚苗之繁殖推廣。

(3)種豬飼養交配及耕牛貸款購添、

(4)作物病虫及家畜獸疫之防治。

(5)小型水利工程之勘查及貸修，

(6)[illegible]

(三)自然環境及農業概況之研究調查

(1)全區自然地理之調查、
(2)各區簡單氣象之記載、
(3)土壤分佈及土地利用之概況調查
(4)農場經營之調查、
(5)農業區域之劃分、
(6)举办農情报告、

二、推廣制度之建立：

近十數年來，國內農事研究機關及各大學農學院育成之各種作物改良品種頗多，然以迄未推廣制度有欠健全，良種良法迄未實惠農民；本區良種推廣制度之建立，旨在保持良種之高度純潔，分為三部，各由研究繁殖及推廣之機構組織分別負責推進。

87

3-2

(一)原始種、現由中農所北碚場、四負責合作繁殖，純度必須保持百分之九十八。

(二)原種、現由中農所北碚場、川農所合川場、及鄉建學院農場分別負責，合作繁殖原始種，再供推廣種繁殖之用；純度必須保持百分之九十七。

(三)推廣種、推廣種之繁殖原應交由各縣農業推廣所負責，惟因各縣政府人力財力所限，農推所多已奉令裁併；今輔導區現已成立繁殖站二十四處，但織表記農家，直接交由農民担任此項工作，接受各繁殖站之監督指導，嚴行田間去雜除劣，保持純度保須百分之九十六，先從大量繁殖，再作普遍推廣。

全部農業推廣系統及合作機構略如下圖

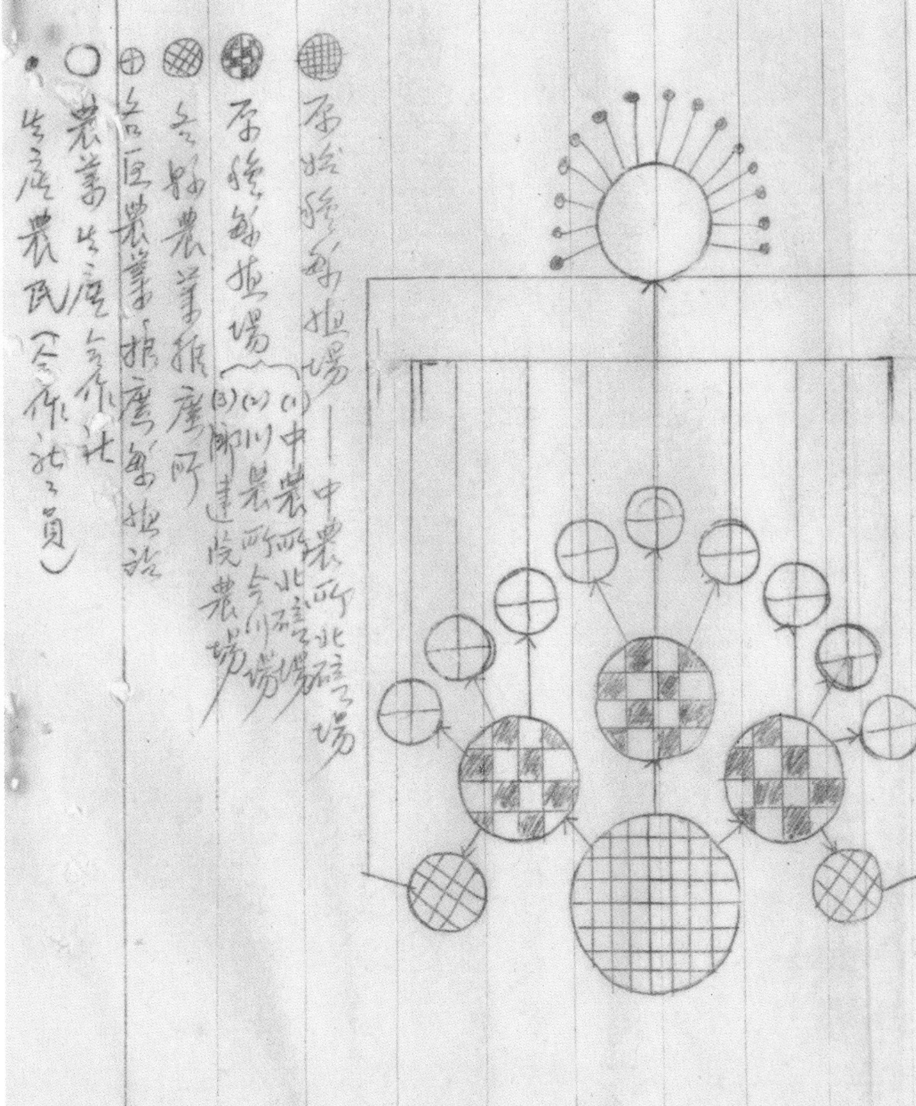

璧山四寶閣文具印刷紙號印製

华西实验区农业组张石城编农业研辅教材《农业辅导手册》合订本　9-1-29（163）（164）

3、辅导区农业工作之推进

各辅导区农业工作推进办法

(一)本区农业工作之目的在求辅导生产农民应用科学知识，採用良种良法，以改进农业，增加生产。

(二)为达成此项目的，应根据下列原则开展农业工作：

(1)以繁殖站为中心进行农业推广工作。

(2)以实际工作表证启发农民改良农业兴趣。

(3)配合本区传习处与农业生产合作社之工作进行，以有组织之教育活动灌输现代农业知识。

(4)一切推广工作均需由本区工作同志直接施与生产农民，争取当地之各种组织协助与便利，但不宜假手他人，以防工作变质。

(5)採取重点主义逐步开展工作。

(6)各项工作之进行，应本总办事处之指示，拟定具体计划，充分准备，及时开展，以求时效，并需按时检讨。

理、由總辦處[illegible]

責不兼管其他職務，擬設新站之輔導區可由區主任指派習農同志兼代，再報請總辦事處核派。

（四）繁殖站負責人之工作任務及項目規定如下：

（1）組織表證農家作良種良法之實地指導。

（2）調查繁殖站所在地與本輔導區各鄉及北碚歇馬鄉璧山等地之交通工具、物資等報告總辦事處農業組，俾便推廣材料之輸送參考。

（3）對推廣之良種良法應隨時作詳細之記載。

（4）對當地土種土法及農諺應向有經驗之老農切實詢問與記錄。

（5）每月巡迴各鄉一次，俾獲得農民實況之瞭解，並相機進行輔導農業工作。

（6）建立農業情報網，及時轉報總辦事處農業組。

（7）設計並推進各種農業教育活動，如農業展覽會、生產競賽、農業講習、電影音施教等。

（8）編輯各種農業傳習教材，實行教學，普及農業教育。

89

4

（10）（9）簡單氣象之觀察與記錄，

依據上述項目擬定具体工作計劃與步驟，按時報告工作進度，

（五）繁殖站負責人行政受區辦事處之監督指導，技術須受農業組監督指導。

（1）所有有關農業工作之通知，區主任應立即轉知繁殖站，各繁殖站之報告應書兩份，一份呈區主任轉總事處，副本一份逕呈農業組，

（2）農業工作經費預算由繁殖站負責人會同輔導區區主任擬具報請農業組核定，由繁殖站具領保管使用，所有經費使用情形每月向區主任及農業組報告，並按總辦事處之規定辦理報銷，

(六)各區鄉事處對繁殖站工作應隨時督導策進，各駐鄉輔導員亦應盡力協助推進各鄉農業工作。

4.農業推廣繁殖站之設置

各區農業推廣繁殖站，原以一鄉一站為原則，然因試辦之初，限於人力物力，每區視需成立一站，每站各有表證農家數户至十餘户。表證農家之耕地，即為繁殖站之場地，雙方以合同訂定約。表證農家自願接受指導，繁殖良種，以供推廣。凡經農民直接引用試驗之良種良法，如有不適本地風土而遭損失者，本區予以賠償。獲有成效者，即由表證農家宣傳之，以期普遍推廣。

92

改良稻種

農業研輔教材之四

編者：張石城

璧山四寶閣文具印刷紙號印製

93

1-1

四、農業參攷資料選集

1、改良稻種

稻為世界上最重要的之作物，足供全球人口半數以上之食用；又為我國全人民之主要食糧。亞州各國栽培最多，而以中國為第一，全國各省栽培面積約四万万畝，年產黃谷十万万担；四川約佔十分之一。本區十縣一局，三十七年栽培面積共三二六万畝，年產黃谷二一七四万担。

(一)稻之形態：

(1)根—播種後先生臨時根再生永久根，鬚根系分佈於地面下二三寸左右。

(2)莖—莖高三至五尺，中空有節，綠色，後變黃色；生長高大者分蘖較少，上部節芽分化，可利用作再生稻。

(3) 葉—葉互生，脈平行，葉片細長，葉鞘包圍莖稈，基部有葉節，葉片與葉鞘分界處有葉環、葉舌、葉耳，毛狀稗草則無葉耳葉舌，田間觀察甚易區別。

(4) 穗—稻為複總狀花序，中為稻軸，再行分枝，每小穗僅有一花，基部有副護穎，上生護穎一对，內外穎各一，小花有雄蕊六枚，雌蕊一枚，花絲細長，葯分四室，柱头羽状分枝，基部有二鱗片，自花授粉，開花多在白晝，而以中午最多，子實為穎果，穎片與種子不易分離，米粒長橢圓形，扁平有縱溝，中具腹白，胚在腹面基部。

(二) 稻之栽培：

华西实验区农业组张石城编农业研辅教材《农业辅导手册》合订本 9-1-29（175）

94

1-2

(1) 选種——我國農民多用簸箕或颺扇風選，種粒要飽滿整齊，無病蟲破損，發芽率高則生長良好。

(2) 浸種——三月下旬春分節後，谷種浸水，促其發芽迅速，可免鳥雀啄食，浸種要常換水攪拌，或用布袋裝浸於河中，取出陰乾，即可播種。

(3) 播種——四川種稻多在三四月間清明節前後，秧田每畝播種一石二斗，移栽本田每畝需種四五升，普通秧田一畝，可種本田三十畝，推廣稻種之播種量，每畝十斤。

(4) 秧田——理想之秧田必需灌溉排水方便，日光充足，地土平整，不宜过肥，長方形，寬四尺，中留走道，管理方便，基肥可用人糞尿，油餅，草木灰，灌水约一寸，注意防守雀鳥，採除螟卵，拔除稗苗，播種後三四十日，秧高七八寸時，即可移栽。

(5)插秧—插秧期約在五六月間，立夏節前後，普通行距一尺半，株距一尺，或作正方形，每穴插秧五六本，深約一二寸。

(6)施肥—稻田施肥以氮肥為主，時期約在六月中旬，多用人糞尿，猪糞，草木灰，油餅，河泥，骨粉及石灰，化学肥料可用硫酸錏及过磷酸鈣，普通每畝稻田需用氮六斤，磷五斤，鉀四斤，約合人糞尿八〇〇斤，豆餅八〇斤，草木灰一三〇斤

95

4-3

(7)中耕—藉快可使土壤鬆軟，空氣流通，增高土溫，除去雜草，促進根部發育；第一次約在移植後十日至半月，再經二十日可行第二次中耕。

(8)收獲—收獲時期約在八九月間立秋前後，用鐮刀刈割，紮成小捆，立於田中，晒乾脫粒。四川打稻多用拌桶，稻谷必需晒乾，然後才耐貯藏。穀米折算，容量約為百分之五十，重量約為百分之八十；糙米精碾可得白米百分之九十，普通折算則為黃谷一石，可碾白米四·七五斗。

田賦徵实及土地陳報折算標準如下：甲等每市畝產量四·八〇市石，乙等三·六〇市石，丙等二·四〇市石，丁等一·八〇市石，平均三·一五市石，約合老量一石。

(三) 螟虫防治：

(1) 被害狀態——螟虫潛居稻莖之中，食害莖髓，心叶枯死，穗色變白，穀輕不实，心叶穗稈，極易抽出，稻莖或葉鞘，具有小孔，或附有螟虫之排泄物。

幼虫均在稻椿内過冬，四五月間羽化成蛾，天黑交配，在稻田產卵，幼虫孵化後鑽入稻莖，食害髓心，而成枯心苗；六七月間又在莖内變蛹，第二三代之幼虫，食害稻莖，就成白穗，穗而不實，晚稻遲熟，受害更大。

(2) 防治方法 [redacted]。

3

96

2-4

1、規定秧田面積——普通秧田，面積过大，治螟工作困難，合式秧田，寬為四尺，中留走道，便於採卵捕虫。

2、採除螟虫卵塊——身背竹簍一隻，手拿竹桿一根，將秧苗撥開，搜索卵塊，連同秧叶摘下，放進竹簍，帶回燒毀。

3、保護寄生蜂——寄生蜂可以寄生在螟卵內，消滅螟害。其他如蝙蝠、燕子、青蛙、蜘蛛、蜻蜓、螳螂等，亦為捕食螟虫之有益動物，均宜保護。

4、點用誘蛾灯——螟蛾在暗中性喜火光，用灯誘殺，最為便利。惟須集体实行捕捉，灯置盤內，四週加水，注入火油，夜晚掛在田裡，螟蛾見光飛集，落水而死。

5、兜捕田間螟蛾——用捕虫網到田間捕足螟蛾，以補誘蛾灯之不足。

白夜捕捉，螟害可以早除。

6.清除田边雜草——螟蛾產卵多在稻葉，有時也在禾本科之雜草上產卵，清除田边雜草，也可减除螟卵。

7.拔除田中白穗——稻株在抽穗期中遭受螟害，即成白穗，留之無用，均應連根拔除，消滅隱藏在莖稈中之螟虫。

8.芟除變色葉鞘——二化螟虫時常羣集食害葉鞘，芟除受害變色之葉鞘，亦可殲滅羣集之螟虫。

9.拾燬土中稻根——稻將收穫之時，螟虫移匿稻根，以便隱藏过冬，齊泥割稻，清除稻根，早日燒毁，最為穩妥。

10.實行冬耕灌水——冬季深耕，將土耕鬆，然後灌水，土中螟虫盡被

97

4-5

淹死，田中結冰，亦能凍斃，冬水田長期灌水，收效更大。

11 插用煙莖防治——菸草莖叶晒乾磨粉，在清晨撒佈秧田，每畝四十斤，可以毒死幼虫，稻田在小暑前後，可用菸筋斜插稻根旁邊，浸水泡出煙味，亦可防除螟害。

12 選用抗螟稻種——有的稻種莖稈堅強，可抗螟害，或用早熟稻種，早種早收，螟害也可避免減輕。

(四)品種介紹：

甲、中農四號

(1)來歷——「中農四號」為中央農業實驗所在四川選育所得之中稻純系，原種為湖南瀘湘之「鉄脚早」，二十七年起參加各種試驗，証明其生長優良，三十二年起在北碚、璧山、永川、合川、巴縣等地舉行示範，成績甚佳，平均每畝產量高達六百八十餘斤，約較當地土種增產百分之十五左右。

(2)特性—「中農四號」不擇土壤，適應性特強，在川東巴、璧、碚、合等縣丘陵地區栽種，最為適宜；早熟豐產，稈硬不倒，較能耐肥，又能耐旱，成熟整齊，穗形長密，米質中等，可免螟害；缺點是分蘖太差，栽秧數需要多。

(3)栽培—播種時期及播種方法，完全和本地稻種一樣。播種量宜稍多，秧田期約二十五天，秧苗長達五、六寸時即可移栽本田；栽法與疏密亦與本地種相同，惟每窩需多栽三四根，中耕時間及次數亦同

98

本地種，第一次中耕後可以略施肥料，生長期約一百十幾天，比當地中稻種要早熟五天左右，收穫前要注意田間去劣除雜，收穫後晒乾貯藏，也要保存種子純潔，千万不可混雜。

乙 中農卅四號

(1)來歷——「中農卅四号」亦為中央農業实驗所在四川所育成之蓬[illegible]稻種，原種為浙江之「半旱稻」。二十八年起间始各種试驗，成績極佳，卅四年在北碚作第一次示範，很受農民歡迎，後經北碚農業推廣所極力宣揚，已在北碚各鄉大量栽培，附近各縣多來換種。平均每畝產量高達七百二十斤，約較當地土种增產百分之二十五以

(2)特性—「中農廿四号」特别適宜於肥田生長，產量很高，米質甚佳，抽穗整齊，成熟迅速，穗大而密，形如棒状，与農家品種特别不同。谷粒較短，最適於机器碾米，而且桿壮耐肥，能抗倒伏，可避螟害；缺點是不適瘠地，易罹病害，故須种於肥田；下種量与栽秧数均須較多，留種時更宜注意拔除病穗，保持纯潔。

(3)栽培—栽培方法与「中農四号」相同。

丙、湘農勝利秈

(1)來歷—「勝利秈」為湖南省第二農事试驗場选育成功的較早熟的中稻良種，可作兩季谷的第一季早稻種。三十一年起中農所在北碚合川初步举行示範，生長甚佳，頗受農民欢迎；三十四年以後，合川璧山一帶均有栽培，平均約較當地稻種增產百分之二十以上，三十七年更被引用為推廣糧食增產之重要稻種。

(2)特性——「勝利秈」稻穗很長，產量高而穩定，品質優，較早熟，全生長期約一百二十天；適應性很大，最能避免螟害和病害；莖稈雖硬，肥田仍有倒伏，故選田以中等為宜。

(3)栽培——播種移栽中耕等方法，完全與本地稻種相同，惟不擇田，不需特別施肥，比較早熟，八月下旬即可收穫，但應特別注意田間除雜去劣，保持品種純潔，以便農民相互換种，擴大推廣栽培面積。

7

璧山四寶閣文具印刷紙號仰製

108

5-1

2. 改良麦種

小麦為世界人類主要之食用作物，在我國食粮作物中所佔之地位，僅次於稻米。全國小麦栽培面積約為三万万畝，常年產量四五〇〇万担，四川僅佔百分之五，每畝產量則以四川為最多，平均每畝可產二二五斤；三十七年全省栽培面積一七〇〇万畝，年產二六〇〇万担；本区十縣一局栽培面積一二〇万畝，年產小麦二〇〇万担。

(一) 麦之形態：

(1) 根—小麦鬚根分佈於地面下二至五尺，鬚根数目與分蘖多少成正比，分蘖多則鬚根亦多。種子萌發時先生臨時根，普通多為三或五根，以後自行枯萎，永久根則在地面下一寸左右長出，根[illegible]

生，可以吸收土壤中之養料與水分。

(2)莖—多中空有節，高約三四尺，平均約分六節；土中氮肥多則植株生長高大，生長時期綠色，老熟時色變枯黃；推廣麥種「中農廿八號」植株矮壯，可抗倒伏。

(3)葉—互生平行，葉鞘與葉片之間有葉耳及葉舌，普通多為六葉，葉色深淺及寬窄，則因品種及環境因子而不同。

(4)穗—麥穗是由許多小穗組合而成，各小穗單獨直接互生於穗軸上，穗之疏密與大小因品種而異，穗軸分節，彎曲有毛，小穗多少與產量有關，普通小麥每穗約有十五至二十個小穗，基部小穗，多不結实，或發育不好，每個小穗有三至五朵小花，結实者僅有

105

-2

二至四朵；每朵小花具有内外穎各一，有芒則生於外穎尖端；小穗之外有護穎一对，内外穎中有雌蕊一枚，柱头羽状分枝，雄蕊三枚，花絲細長，基部有二鱗片。開花多在白天，種子尖端生有叢毛，胚在種背基部，麦粒皮色紅白不同，胚乳組織有硬有軟，普通可分紅麦，白麦，硬粒，軟粒等類。

(二)麦之栽培：

(1)整地—整地時期宜早，耕耘要細，排水良好之黏質壤土最佳；前作收獲後必須耕翻耙碎，再加鎮压，即可播種。

(2)选種—農家选種多用篩箕或颶扇，風选，除去雜质及有病虫的麦粒。

(3)播種—小麥秋播多在十月中下旬，[illegible]

兩之患；播種量每畝五市升，約重八斤，普通條播或點播，深約一二寸為宜。推廣麥种每畝播种十斤。

(4)施肥—小麥施肥多用堆肥，廐肥，人糞尿及草木灰，播種前先施基肥，每畝須用廐肥五〇〇斤，油餅十五斤，草木灰三十五斤；於早春二三月中，再施人糞尿一次，以作追肥。

(5)中耕—小麥在生長期中，宜行中耕除草二三次；第一次在種子發芽後一個月，苗高約三寸時，並須壅土根側以防寒風；第二次中耕在冬末春初，同時施用追肥，三四月間在小麥孕穗以前，再行最後一次中耕，壅土以免倒伏。

华西实验区农业组张石城编农业研辅教材《农业辅导手册》合订本　9-1-29（202）

110

-3

(6) 收穫—小麥成熟即可收穫，普通多在五月初旬，莖葉變黃，麥粒乾硬之時，脫粒去雜，晒乾貯藏，每畝產量約二〇〇斤。

(三) 病害防治：

(1) 黑穗病

(A) 病徵種類：

a. 散黑穗病—小麥最多，受病的麥穗，抽出較早，病穗黑色，被風吹散，僅留光桿。

b. 堅黑穗病—大麥才有，出現較晚，病穗之外有薄膜一層，不易被風吹散。

c. 腥黑穗病—受病麥穗，外表不易認識，且有一種腥臭，大穫期才被發現，手粒压破，散出暗褐色粉末。

(B) 防治方法：

a. 冷水溫湯浸種——大小麥黑穗病均可防治，播種前用冷水浸種八小時後，再浸於攝氏五十四度之溫水中，五分鐘取出，浸冷陰乾，然後播種。

b. 炭酸銅拌種——除散黑穗病外均可防治，每一市斗麥種用藥二十五公分（約一市兩），混合均勻，立即播種。

c. 「谷仁樂生」拌種——每一市斗麥種，僅需用藥二公分，拌和均勻，然後播種。

(2) 銹病：

华西实验区农业组张石城编农业研辅教材《农业辅导手册》合订本 9-1-29（204）

111

5-4

(A)病徵種類：

a.黄銹病－發生最早，多在四、五月，為害小麥之莖叶、叶鞘和麥穗，初沿葉脈或莖稈發生黄色條斑，成熟時破裂而散出黄色粉末，條斑略如線状。

b.葉銹病－又名褐銹病，發生期居中，多在出穗以後；初為不規則之赤褐色病斑，成熟破裂，散出赤褐色粉末，另有長橢圓形病斑，決不破裂。另一寄生為塘松草。

c.稈銹病－又名黑銹病，發生最遲，約在六、七月；初生圓形或長圓形銹色小點，再生暗黑色之條斑，分散而較大，另一寄生為小蘗。

(B)防治方法：

a.選種抗病性品種。

b.不可多用氮肥和磷肥。

c.撒佈○.五度的石灰硫黃合劑。

d.被害植株收獲後務必燒光除盡。

(四)品種介紹：

(1)中農廿八号(落霞)—原產意大利之晚熟種，粒色棕黃，十月上旬至十一月上旬播種，宜栽冲積壤土，愈肥愈佳；冬季發育不旺，春暖迅速生長，穗密而結实多，优点是稈硬粗矮，耐肥不倒；分蘖力強，成熟整齊，產量高，比普通小麦多收百分之二十。

(2)中農六十二号—中熟種，粒白稈高，出粉量多，麦稈為作草帽之

璧山四寶閣文具印刷紙號印製

华西实验区农业组张石城编农业研辅教材《农业辅导手册》合订本　9-1-29（206）

112

5

最好材料。惟其分蘗力弱，播種量宜較多，產量比普通小麥約高百分之十九。

(3)中農四八三号——早熟種，宜栽於稻麥兩作田，產量較普通小麥高百分之十八左右，成熟期早，可與大麥同時收獲。

(4)中大二四一九——原產意大利，粒大色白，十一月上中旬播種，不宜过早，可栽施肥之砂壤土，菜土或填土；較普通小麥早熟五六天，與水稻輪栽，中耕宜勤；優點是豐產稈健，抗病力強，成熟特早。

100

推廣南瑞苕

農業研輔教材之六

編者：張石城

已制卡

3. 推廣南瑞苕

紅苕又名甘藷，為我國主要雜粮之一。全國栽培面積五千餘万畝，年產五万万担；四川全省栽培面積約八百餘万畝，年產六千四百万担；本區各縣栽培面積約四十七万畝，年產二百三十万担。每畝產量平均為八百至一千斤。

(一) 性狀：

(1) 紅苕原產熱帶，普通栽培皆為一年生作物；寒地不能開花，而以種薯育苗繁殖。

(2) 莖細長，匍匐地上；葉互生心臟形；有長叶柄，花紫色，如漏斗，與牽牛花相似。

(3) 蔓之各節容易生根，入土膨大而成塊根；皮肉有紅、白、黃、紫等色，紅肉種味甜，白肉种味淡，成熟期較早。

多，温度高，早熟栽培，能產好種。

(二)風土：

(1)紅苕性好高温，在暖地生長之塊根發育充分，質緻密，少纖維，糖分多，產量及品質均佳。

(2)土質喜輕鬆乾燥，最忌粘濕；故以排水良好之壤土，砂質壤土或壤質砂土最宜。

(3)生育初期需雨較多，成長期則宜乾燥，需晴天多、日照強、雨量过多則莖叶繁茂，阻止塊根發育，光澤劣，水分多而味淡，肉質軟不耐貯藏；乾旱過盛則薯形不正，皮粗厚，易龜裂，品質粗劣。

(4)苕苗生長勢力旺盛，善能吸收土中养分，雖在瘠薄土地，亦能生育適度，產生优良品種；但在粘質肥土生長，薯形大而不整，纖維多，外观亦不佳，水分多不耐

璧山四寶閣文具印刷紙號印製

华西实验区农业组张石城编农业研辅教材《农业辅导手册》合订本 9-1-29（189）

貯藏，故當栽培於適當的地方。

(三) 栽培：

(1) 選種：十月下旬秋霜降後，苕已充分成熟，掘起塊根，揀選勿傷，貯藏窖中，最怕潮溼寒凍；優良之種苕，須有下列之特性：

A、具備該品種固有特性。

B、母株豐産，一株生有多數種苕。

C、苕之大小適中，每个重約五至八兩。

D、苕形整正，肥大平圓，兩端細小。

E、表面淺凹多，分佈均勻不深。

F、無病虫害，發育健全。

深耕，施下厩肥，锄碎土塊，斜置种薯，株间行距各一寸，用砂质壤土均匀覆盖，然后澆水，宜间天冷要用草席遮盖，天暖除去，使得适当阳光，並注意灌水澆糞，促其生長，种薯一畝須用种薯二十五斤，苗床面積約一方丈，三月中旬下种，三天生根，週後萌芽，約經一月即可切蔓移植，优良薯種苗須有下列之特性：

A、苗長一尺左右，節间短，一苗約有十節。

B、葉柄短大，着色鮮明，葉色濃淡適度，堅而脆，充分開展，

C、蔓短肥大，組織充實，水分含量不多，節部尚未發根。

D、無病虫害，發育健全。

E、第一次切取之蔓生長佳良，如其數量不足，可施速效肥料，促進萌蘗發生

103

二次種苗。

F. 種蔓先端及中段生長較強，塊根多，成熟早，基部末端不宜利用。

(3) 種植：

A. 苕苗栽植时期宜在四月中旬至五月下旬，以早為佳。

B. 栽植前整地作畦，東西向，寬二尺，高尺許，先施基肥，斜插苕苗，先端向南，株間距離八寸至一尺。

C. 栽植宜在陰天最佳，晴天宜在早晚，雨後不必灌水，如係晴天土壤乾燥，則先灌水，然後栽植，如有缺株，仍須補育。

D. 苕苗每段宜長七八寸，有葉六七片，切取之苗宜用濕布或稻草覆蓋，勿使

E、插苗方法有斜形、鉤形、U形、弧形及水平形：

a、斜形插法最簡單，適於乾燥之壤，插时用棒或手穿穴，將蔓以四五度角插入，僅留五分之一於地面上，再压実泥土，但此法收量不多。

b、鉤形插法，插時掘穴，將苗彎曲埋入土內，上部露出，此法成活率高。

c、U形插法，將苗兩端埋入土中，中间部分微露地面，葉則全部露出，此法適於稍乾土壤，收量不多。

d、弧形插法，畦上株距一尺五寸，掘穴後將蔓之中部向下彎曲插植，基部及先端稍露，叶須全部露出，此法用於湿地及淺土，插入甚淺。

e、水平插法，株距稍寬，蔓長一尺六七寸，作畦時先開淺溝，將蔓平置，僅留基部一寸及先端二三寸露出地面，中段覆土厚一寸许，葉全部露出，不可

104

6-4

埋設，但其同化作用，或將基部向下檳入压實，僅留先端在外，此法蔓在土中，全部均近地表，各節有生長大藷可能，收量增加，但其所費勞力較多。

(4) 中耕：

A. 栽植後如水分充足，生根後須行中耕除草，如與小麥~~輪~~短姻间作，收麥後則須淺耕培土。

B. 蔓上有節，在地上生根，着地生根，如任其生長則蔓長根多，影响收成，故需常常翻動，翻蔓宜在日中施行，可免折斷，同時除草，八月下旬以前，共行三四次，

(5) 收穫：

A. 收穫時期早在八九月，遲在十一月，宜在微霜，充分成熟後採收最佳，遲則苕在地腐爛，早則不耐久藏。

C. 掘收时用镰刀将蔓割去，再用锄在根地周围掘起根株，拾取块根，切勿損傷，不耐久藏，每畝產量少則七八百斤，多至一千二三百斤。

D. 寒地掘窖貯藏，穴深三至五尺，宽二、三尺，長短無定，穴底周围均須垫稻草麥稈，厚5寸，高出地面，上蓋茅草，再覆厚土，側面留穴，插竹通氣，天冷塞住，可以藏。

(四) 良種介绍——南瑞苕

(1) 來歷：南瑞苕原名(Nancy Hall)產於美洲，民國二十九年春自美國(Lonisiana)農事試驗場引種，由中農所與川農所合作進行品種純化，观察及比較試驗，第一年在成都繁殖观察，生長極佳。

寶山四寶閣文具印刷紙號印製

105

6-5

三十年正式加入品種較試驗，在遂縣及成都兩地分別舉行，其產量均為各品種之冠；三十一年復增加綿陽、瀘縣、合川三地試驗。

三十二年除繼續在各地試驗外，並行示範栽培，結果均佳，深為農民欢迎。三十三年乃在北碚等地擴大示範，並進行初步推廣，同時定名為「南瑞苕」。

(2)特性：

A.蔓長中等，通常為四尺左右，少有達七八尺者。

B.莖粗壯綠色，帶微毛，節間甚短，節部紫色。

C.葉緣齒狀或全緣，葉片正面有毛，背面微毛或光滑，除葉片與葉梗連接處為紫色外，餘均綠色，葉梗有微毛。

（3）優點：

A.產量高；產量極高，並甚穩定，在遂縣試驗，產量最高者每畝可達三千五百斤；歷年在合川、北碚等地試驗與示範結果，均高於高地品種，三十二年最低者超过當种百分之一一·二三，最高者達百分之一四·九九，平均約為百分之三九·四二。三十三年最低者超過當地品种百分之一九·二五，最高者達百分之五〇·八九，平均為百分之四九·八。

B.品質佳；糖分甚高，粗纖維少，品味極佳。

C.早熟；成熟期中含水少，易於貯藏。

D.耐旱耐肥；適於肥土生長，產量極高；因莖葉粗壯，遇秋旱為害時，其

106

-6

受災影响較輕。

三、宜作飼料：莖葉粗大，組織細密，可作飼料，頗合農家需要。

(4) 適應區域：南瑞苕自民國二十九年由美國引進起，至三十三年止，在川西、川東、川北等地試驗示範結果，成績優良，適應性强；因具各項優良特性，故在民间栽培，散佈甚廣；北碚、合川兩地自三十三年開始示範後，農家均已普遍栽种；南瑞苕在北碚之市場价格，恒較當地種高出兩成；今後推廣更易，農民受惠量大，其栽培方法，則與農家土種完全相同。

华西实验区农业组张石城编农业研辅教材《农业辅导手册》合订本　9-1-29（197）

璧山四寶閣文具印刷紙號印製

113

推廣小米綱

農業研輔教材之七

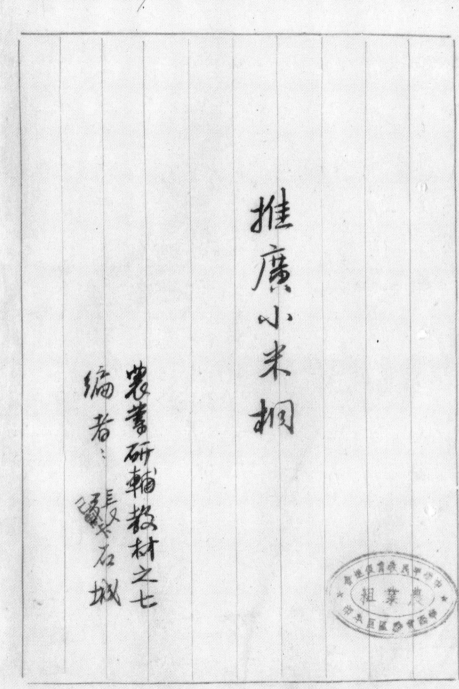

編者：張石城

华西实验区农业组张石城编农业研辅教材《农业辅导手册》合订本 9-1-29（208）

114

7-1

4. 推廣小米桐

桐油為我國主要外銷特產，且為世界上唯一之桐油出產國，近年对外貿易，常以桐油列為輸出首位。國内油桐產地有川、湘、桂、浙諸省，全國桐林面積約有四六四万畝，種植桐樹二万万株，年產桐油四七八万担，二十六年輸出最多達二〇六万担，其中有百分之六十五运銷美國。

四川全省桐林面積約一五〇万畝，種植桐樹四千万株，年產桐果四万万担，可榨桐油一二四万担。本區之合川、江津、巴縣、江北、綦江、璧山等縣，年產桐油約四万担，現在正大量推廣栽種，發展希望頗大。

(一)用途：

(1)桐油的用途：

B、製造油漆、油墨、油灰、油鞄、油布、油紙。

C、製造電木、琺瑯、漆布、人造革、仿橡皮及電氣絕緣体。

D、製造肥皂、點灯、鋪路面、提煉代汽油，可充動力燃料。

E、用作飛机、軍艦、潛艇之塗料及防腐剤。

F、用作医藥嘔吐、解毒、火傷、癰腫及殺虫剤。

(2) 桐樹的用途：

A、枝幹之乾材輕軟，可造傢俱、箱板、床板及樂器。

B、桐叶可作薪炭及肥料。

C、樹皮含有單寧，能作染料。

115

-2

D.果皮燒灰作桐鹼，可洗衣服，又能作肥料。

E.果皮及子殼均可作造紙及玻璃之原料。

(3)桐枯的用途：

A.桐枯含有毒質，不宜作飼料。

B.旱田作肥料，但忌與人糞尿同時施用。

C.桐枯燒灰和油製造油灰，可以補塞船縫、盆、桶、

(二)性狀：

油桐為大戟科，油桐屬之落葉喬木。我國栽培的桐樹，普通只有兩種：三年桐

在四川湖南及華中各省栽培最多，播種後三年即可結實，其壽命較短，但適

七八年開始結果，其壽命長，耐寒性弱，油分稍遜，油質尚佳。普通三年桐又名桐油樹，或桐子樹，其性狀如下：

(1)樹形：落葉喬木，樹幹低矮，約高一丈；枝多下垂，樹冠扁平。

(2)樹皮：樹皮灰白，初為平滑，後有裂痕。

(3)葉：葉片不分裂，間或有三裂；葉色淺綠，質薄，全緣，光滑無毛，卵狀心臟形；葉脈不顯著，葉柄頂端生有無柄之腺囊。

(4)花：花開於上年長生之枝條先端，時在樹葉繁茂之前，雌雄同株異花，花大而，白色而有黄紅斑點，花瓣圓卵形，雄蕊八至十本。

(5)果實：果實扁形，外表平滑，頂端稍尖，直徑一寸二至一寸六；每室含有種子三至七粒。

116

-3

(6)種子：种子外观為扁圓卵形，較千年桐種子大，每升約一四〇至一五〇粒，重約十二兩。

(7)生長習性：栽後三四年即可结果，八年至十五年為结果盛期，二十年後產量頓減，每株结實十餘斤至五六十斤，含油量百分之三十至四十，耐寒性強。

四川栽培的桐樹，高度約在一丈至二丈之間，结果成熟時期約在十一十二月，果實的外圍平滑，每一果實含有種子三至五粒，普通每担桐果可產桐籽七十五斤，每担桐籽可得桐仁五十六斤，桐籽含油量為百分之三十四至四十四，桐仁含油量為百分之五十七。

(1)地勢：油桐為陽性樹種，性喜溫暖，高原山坡及丘陵山崗等地均可生長，但須排水良好，海拔須在二千五百尺以下，且以斜坡向陽，山腹之南，常受日光，又可避風之地最佳。

(2)土壤：通常以肥沃疏鬆，稍帶酸性之砂質壤土為宜，且須排水良好，富含有植物質，尤以表土砂質，底土積有三至八寸之壤土為最佳。種植低地者最忌水濕，鹼性土壤則易枯萎，多含石灰質，水濕過多，粘性甚強者，皆絕所宜。

(3)氣溫：桐籽發芽氣溫須達華氏八十度左右，栽培桐樹之冬季氣溫，不得低於華氏二十度以下。

(4)雨量：桐樹每年所需雨量約為二十八至三十吋，全年雨量不低於二十吋。

华西实验区农业组张石城编农业研辅教材《农业辅导手册》合订本　9-1-29（215）

118

-4

但亦不宜超过五十吋。夏季需水較多，六月乾旱則果小，七月乾旱則油少；

苗圃乾旱，須加灌溉。

四、栽培

(1)选种：

A、留种桐子採收以後，連同外殼裝入麻袋，深埋地窖之中，或拌濕砂藏於缸罎之內。

B、选用桐种必須飽滿純潔，不粘附土泥病菌，避免陳腐，发芽率高，且須表現固有的色澤和特性。

(2)整地：

A、苗圃宜在[illegible]

緩排水良好，土质不必过肥，不可過燥，太高冬季及播種之前仍須耕深

鋤鬆，翻动表土，除去雜草石礫；畦先三天，畦中作溝，並設道路，先施

基肥。

B、林地開墾植桐，必須先在秋季鋤去背草，然後播种豆科綠肥作物；春

季耕翻、鋤松，鬆碎土壤，開溝排水；傾斜山地，宜筑梯田、局部掘穴

比較经济；坑先五天，掘一尺半，先施基肥，以備栽種。

(3) 直播：

A、桐種先以清水浸透，可以促進其發芽，三年桐浸種四天，生長甚佳，

發芽率最高。

B、播種时期，春播以雨水節前為宜；但據桐農经验，四月播種者，树身

盤山四寶閣文具印刷紙號印製

118

5

矮而枝多，结果丰盛。

C、油桐之行株间距宜较宽大，普通土质较差者，以株距一丈二尺，行间一丈五尺为佳，土质较好者，以株距一丈五尺，行间二丈为宜。

D、播种形式，以採用正方形、长方形或三角形为佳。

E、播种方法，整地掘穴宜深五寸，直径一尺，并施以草木灰、人粪尿，每穴载种二三粒，上覆细土二三寸，用足踏紧，发芽后，夏季间苗，每穴留一株。

(4) 育苗：

A、播种时期，春播宜在二月底至三月上旬，过迟则发芽率低，浸种四五日可以促进发芽。覆土一二寸，经二星期即可发芽。

每畝播种六斤可得桐苗一万二千株。

C、桐苗發芽後，注意中耕除草，灌溉排水，播種前，可施相當的桐枯或菜餅，作基肥，發芽後，如桐苗生長不佳，可施追肥一次，夏季陽光甚強烈，秋後易遭霜害，則須蓋草搭架，保護。

D、幼苗摘其枝梢，可使分枝繁盛，勤施稀薄米汁糞水，可以促進生長。

(5) 移植：

A、一年生桐苗，高一二尺時，即可移植造林，時期多在春季二三月間。

B、苗圃中宜選強苗，先灌水使土濕潤，用鋤掘起，切除一部根葉，移植前可先分栽假植。

C、移植距離以八寸至一尺二寸為宜，穴深一尺左右，苗須大小一律，並使

华西实验区农业组张石城编农业研辅教材《农业辅导手册》合订本　9-1-29（219）

119

6

將鬚根鋪平正直，而後覆土，再用足踏實。

D、定植以正方形最佳，或用長方形及三角形，前二法所佔面積多，空氣通暢，日照良好，工作方便，行距與株距各為一丈五尺。

E、桐樹移苗須在樹液完全停止流動之後進行，始不至有礙生長；故一般在十一月至翌春二月為宜，雨後舉行最好。

F、桐苗栽植可用麻繩劃定株距，每尺打印，掘土深約一尺，施用基肥與土拌合，將苗植下，蓋以細土，輕加鎮壓，灌水覆草，以防乾燥。

(6)中耕：油桐定植以後，應勤加中耕除草；每年至少二三次，冬耕宜深，使土疏鬆，兼將泥土培壅樹根周圍，雨後須將雜草清除；若第五年後，桐

(7)施肥：普通植桐多不施肥，試驗桐林宜施厩肥或堆肥以作基肥，每施草灰、人糞尿作追肥；施肥時期宜在二月和七月，施肥量每株需用厩肥五十斤至三十斤，草木灰及人糞尿每株約需六十斤，桐林株間可種豆科作物，以作綠肥。第三年開始每年必，每年需施用一次或二次人糞尿、油餅、骨粉、米糠、草木灰等混合肥料。施肥方法，則於樹幹四周挖輪狀或條狀之溝，深約五六寸，施肥後即覆土，以防肥分蒸發流散。

(8)修剪：油桐結實多在隔年生之枝稍，修剪不能促進側枝的生成，反能減少果實產量，故除砍伐枯枝、瑹幹以外，其餘枝條不必修剪。然在桐苗定植以後，修剪梢幹可使樹冠低矮，促進側枝生長；三年桐在二三年生長過高時，可於離地二尺左右，剪除枝梢，第一二年所留之

璧山四寶閣文具印刷紙號印製

华西实验区农业组张石城编农业研辅教材《农业辅导手册》合订本 9-1-29（221）

120

7-7

花岀宜摘去。

(9)收穫：油桐樹種後三四年，即可開花結實，壽命約長二十年。白露節後十一月間，桐果成熟，由青變為褐黑色，普通多用人工徒手採摘，費時多而不經濟，樹高者用竹竿打落，如無盜賊偷竊，林地除草乾淨，則可任其霜後自落，就地拾取，此時桐果十分成熟，品質較好，油質較多，採後隨實即可貯藏，可免腐蝕之慮。

桐實產量隨樹齡逐漸增加，普通每年每株可採桐果十九斤，產油五斤至六斤，一般估計每畝桐林年產桐油四〇—一〇〇斤。

(10)貯藏：採收之桐果，堆積於室內，或室外比較潮濕之處，室外且須覆稻草或搭棚，以避風雨侵襲，與烈日曝曬，堆積桐果可以促進果皮之發酵或用简单机械，先浸沸水，直接脱壳，工作简捷，可免发酵作用，而影响油之产量和品质。

桐籽贮藏，应以种子状态为佳，不宜除去种皮，桐仁贮藏，必须晒乾或焙乾，愈乾愈佳，放在通风乾燥处，堆积不宜过厚，时期不宜过夏，桐实有壳，晒乾后，下铺草秆，外围竹簾，上盖稻草，放置其中，切忌受潮，可以久藏。

留种之桐籽，须经选择，择桐果，装于麻袋，置于深约四尺之砂土坑内，上覆泥砂，再盖草秆，免其乾燥，到春果皮腐烂，去其外壳，即可播种。或择桐果堆集湿热之处，上覆以鲜青草，使其果皮酿酵，促进

华西实验区农业组张石城编农业研辅教材《农业辅导手册》合订本 9-1-29（223）

121

-8

腐爛，淘洗乾淨，陰乾備用。

五、品種介紹——小米桐

本区現在推廣之桐苗是米桐，又名小米桐，属于三年桐的一種，還有一部份是对年桐。

(1)優點：

A.结果期很早，播種後三四年就能開花结果，新栽的桐苗，二三年後開花结果。

B.结果期很长，移栽後的桐苗，第三年起结果，一直到第二十幾年逐漸枯死，故其结果時期约在二十年以上。

结果亦多。
D.管理方便，樹枝矮小，整枝採果都很方便，所佔地方也不大，每畝可種四十株。

(2)移苗：

A.不要傷根，掘苗移苗，都要小心，折傷根部則生長慢，不易活。

B.不必帶土，掘苗多在冬季或早春，根部不必帶土，也能栽活，

C.要剪主根，桐苗主根直伸向下，挖出桐苗，要用刀剪切去一部，可使將來樹幹較矮，

D.保護根部，起運桐苗要用草蓆包裹根部，以免風吹日曬，乾枯而死。

华西实验区农业组张石城编农业研辅教材《农业辅导手册》合订本 9-1-29（225）

122

7-9

(3) 栽植：

A、利用山腹斜坡，園边土角，溝路兩旁，均可種植。

B、每株間距，宜為一丈五尺。

C、挖坑要寬二尺，深一尺五寸，直挖下去，坑底要平。

D、表土耙细，放在坑底，略施基肥，再種桐苗。

E、桐苗栽植後，蔽土打緊，留点桐苗，以便補植缺株。

F、土層底硬的地方，根部不能深入，不宜栽種桐苗。

G、高風的地方，不宜栽桐，以免風大时花果吹落，樹根翻倒。

H、地下有石灰土带鹼性很重，栽桐容易枯死。

(4) 培育：

B.多施肥料，每年或隔年施肥一次，时期宜在冬季或早春，多用人粪尿、草木灰、菜饼、及厩肥、

C.隔年结果，大年开花多，要用竹竿打落一部，以免下年不结桐果。

D.防治虫害，桐树上常有毛虫、尺蠖、天牛、金龟子、八角钉等虫为害叶芽花果，宜用人工捕杀防治、

E.整理枝条，冬季修剪，宜将密枝、乱枝、枯枝、及下垂的老枝条剪除，使其阳光流通，耕作方便、

F.专人看守，桐果成熟，常会被人偷摘，必须大家合作，轮流看守、

G.适时採收，摘果早，油份少，竹竿打落，易伤枝条，宜在桐果成熟、

123

-10

变成褐色时，轻轻敲落或等落地拾取、

六、植桐主佃权益分配办法

（四川省第三区专员公署卅六年一月十八日署三字第一〇四号公函及元月廿日平实建字第六十一号通知）

(1) 桐树之权属于地主、

(2) 地主对于植桐佃户之佃额，不能因植桐而增加，

(3) 佃农负桐树栽培，保护管理之责、

(4) 桐树收益完全属于佃户，(地主不得减佃，如减佃则可以酌分之)

(5) 植桐于边界，影响他人粮食作物者，由种植双方协商酌分桐子收益，但以不超过四成为限、

(6) [illegible]

将来佃户给予补偿，并由保长监督交换清楚，并报乡镇公所备查。

(7) 换佃时补偿办法如下：

植桐后年次	补偿桐米斤数
二	3.5
三	7.0
四	10.5
五	14.0
六	17.5
七	16.5
八	15.0
九	13.5
十	12.0
十一	10.5
十二	9.0
十三	7.5
十四	6.0
十五	4.5
十六	3.0
十七	1.5
十八	0

璧山四寶閣文具印刷紙號印製

华西实验区农业组张石城编农业研辅教材《农业辅导手册》合订本 9-1-29（229）

124

栽培美蔬

農業研輔教材之八

編者：張石城

华西实验区农业组张石城编农业研辅教材《农业辅导手册》合订本　9-1-29（230）

125

5-1

5. 栽培美菸

美菸又名烤菸，原產美國，專作紙菸原料之用。其植株高大，細胞薄，菸筋細，炭火烘烤後呈金黃色，香味純厚，經濟價格甚高，本區栽培很少，極有推廣希望。

我國菸葉產區有川，魯，豫，黔等省，全國種菸面積共約八百萬畝，年產菸叶一千一百万担，居世界第三位。四川產菸最多，約佔全國四分之一，種菸面積約二百万畝，產菸二百八十万担；成都平原為產菸中心，本區以綦江，江津，巴縣等地稍有栽培，全區僅有菸田四万五千畝，年產菸葉六万担。

(一) 性狀：

(1)菸草為茄科之一年生草本植物，[illegible]

皮有纖毛，富於黏質。

(2)葉互生，卵狀，心臟形或披針形，兩面生絨毛，成熟時脫落，葉柄之有無，葉片之大小，形狀與多少皆因品種及生長情況而異，一株之中，以中部叶片較大，品質較佳，每株約有葉十六至三十片。

(3)花生莖之頂端，複總狀花序，花萼鈴鐘狀，花冠漏斗形，基部合成管狀，尖端分為五瓣，花色鮮明，紅、黄、或白色，雌蕊一本，雄蕊五枚，同時成熟，行自花授精之机会較多，留種須套袋，以防雜交。

(4)果实為蒴果，二至四室，一室之中種子很多，略橢形極小，全蒴約有二万七千餘粒。

126

8-2

(二)風土：

(1)氣候—菸草原產熱帶，生長期間，最忌霜雪，雨量適當，喜好日光，宜種在向陽之地。

A.溫度：

(a)涼爽—葉大而薄，缺乏香味。

(b)溫暖—葉多膠質，香味濃厚。

(c)炎熱—品質佳良，菸味芬芳。

B.日光：

(a)強烈—菸味芬芳，品質優良。

(b)不足—菸味淡薄，品質欠佳，葉大而薄，葉脈發[illegible]，易[illegible]

C. 雨量：

(a). 稀少——品質惡劣，菸叶之燃燒性不良。

(b). 適当——品質優良，菸味芬芳。

(c). 過量——菸味淡薄，菸葉脆弱，易罹病害。

(2) 土宜——美菸宜種在輕鬆的砂质、壤土，或称為油砂土中，排水良好，氮肥含量不多，所產菸草葉薄，煙味芬芳，品质最优；土菸則宜栽種肥沃之黏质土壤，其味濃郁，品质較佳。如種美菸，則其菸葉过厚，菸味辛辣，品质低劣。

(三) 栽培：

华西实验区农业组张石城编农业研辅教材《农业辅导手册》合订本　9-1-29（234）

127

-3

（1）育苗：

A.苗床擇定南向，耕鋤後作畦寬三尺，高五寸至一尺，本田一畝，約需苗床三十方尺。

B.基肥施用乾猪糞，或菜子餅五斤，猪糞二十斤，和入土中，充分拌勻，耙平鎮压，即可播種。

C.播種時期在川西平原多為十月上旬寒露前後，本區旱地种蒜，可在三月上旬驚蟄前後播種。先以噴壺澆水，再撒草木灰一層，以木板拍平，蒜種宜與草木灰或細砂混和，然後撒播，播種量不宜太多，每畝蒜田之苗床三十方尺，播種一至二克，約重三至六分。

[illegible]

水，保持濕潤，約經半月，即可發芽。

E.菸苗出土後，除去蓋草，搭蓋菸棚，前高尺半，後高一尺，上用草簾遮蓋，以防霜雪暴雨，天晴和暖之時，捲起草簾，雨天及夜晚蓋上。

F.每日清晨及傍晚灑水兩次，幼苗生長期間，應隨時疏苗，最後定苗時株間相距一寸左右，如苗現黃色，應施用菜子餅水，以作追肥，使苗強壯，生長迅速，五月中下旬，苗高三、四寸，即可移植。

(2)移植：

A.移植時期多在清明前後，早在三月下旬，晚至五月上旬，移植早蟲害少，但易遭遇霜害。

华西实验区农业组张石城编农业研辅教材《农业辅导手册》合订本 9-1-29（236）

128

-4

B.菸田整地，耕耙三次，碎土築畦，寬四至五尺，高五寸至一尺，挖穴兩行再施基肥，畦旁開溝，以利排水。

C.移植前一日，苗床先灌水，拔苗少受損傷，移植宜在陰天，或在晴天下午四時以後，移植後三四天內須每日灌水一次，成活後隔五六日澆水一次，菸苗如有死亡，應隨時補栽。

D.定植菸苗，行距二尺至二尺半，株距一尺至一尺半，土肥宜寬，以免生長茂盛，葉片際密，易罹病蟲害。

E.菸草密植則葉片肉薄，適密則烟味淡薄，過疏則葉片肥厚，烟味辛辣，普通每畝定植菸苗宜為一千八百株至三千株。

(3)施肥：

A.移植前穴內施用基肥，每畝約需猪糞三百斤，草木灰五十斤。

B.菜子餅單施每畝需用六十斤至八十斤，如用猪糞，每畝僅需菜子餅三十斤，分次澆水，施用以作追肥，最後一次宜在移植後三四十日。

C.菜子餅含氮頗高，不可多用，否則菸葉過厚，色澤不良，菸味辛辣；人糞尿使菸質發黑，燃燒不良，決对不可施用。

D.草木灰含鉀質甚多，可以增進菸葉品質，並可減除病害，每畝需用四十至五十斤。

E.骨粉含磷甚多，可以促進菸草幼期生長，但如施用太多，則其葉片粗糙，苗圃每畝施用三十斤，留種菸株應多施骨粉，可以促進種子發育。

4

藝山四寶閣文具印刷紙號印製

129

8-5

(4) 中耕壅土

A. 菸草移植後三四十日，經施追肥，菸株長大，宜行壅土，使菸株穩固，以免倒伏。

B. 中耕除草則在壅土前後各行一二次，視雜草多少而定。

C. 壅土後引水灌溉，普通三四次，宜在上午，不可過量，以濕潤土壤為度。

(5) 摘心去蘖：

A. 菸苗移植後五六十天，菸株頂端生出花序，宜行摘去，以免消耗養分，葉片生長不良。

B. 每株菸草宜留葉片十四至二十不等，如需葉片薄，葉片多，則宜多留叶片；普通土肥而多，宜多留，土瘦而少，則少留。

C.摘心之後葉腋間蘖芽生長，应隨时除去，以免徒耗養料影响收成。

(6)留種採收：

A.留種要注意選擇生長良好，無病虫害，且能保持品種特徵之菸株，不可摘心，令其開花，以便結实留種。

B.留種之菸用玻璃紙或牛皮紙製成之紙袋，套在花序上，以免天然雜交；紙袋長一尺，寬六寸；套袋前檢查一花序，先將已開之花剪去，套袋後要隨時向上提升，以免花序生長，漲破紙袋。

130

-6

C.套袋後二十天左右，所結之蒴果漸多，可以除去紙袋，剪去花蕾及新發花芽，待其蒴果變褐，種子成熟，即可剪斷花梗，收回倒掛風乾，脫粒去雜，裝入袋内，藏於乾燥之處。

D.菸株移植後八九十天，菸葉自下而上，漸趨成熟，上、中、下三部叶片，可分三次至五次採收，先收脚叶，次收中叶，最後收頂叶，每次採收三四片，相隔四五天。

E.葉片色澤由綠變黄，或起黄斑，組織由脆變軟，葉上粘質減少，開始成熟，即可採收。

F.採叶宜在清晨朝露未乾以前，摘下之叶成叠放入籮筐，

[illegible]

3.雨後切勿採收，以免菸叶油性缺乏，香味減少。

(7)病害：

A.花叶毒素病—受病菸叶呈淡綠與濃綠相間之斑紋，叶片畸形，高低縐縮不平；緩性者，品質稍有妨碍，影响產量不大；烈性者，全株矮小，新葉變形縮小；此病極易傳染，無药可治；病株宜早拔除，可減病害蔓延，或選抗病品種，注意田間清潔。

B.枯萎病—此病發生多在菸草將成熟時，菸株長大，天氣炎熱，突降大雨，此病最易發生；病株莖部近地面处，最先變褐腐爛，漸至全株叶片垂萎枯死，致使菸莖中空变黑，表面生有白黴，根部黑腐，菸株易拔。連作菸田，蔓延最速，防治方法惟

华西实验区农业组张石城编农业研辅教材《农业辅导手册》合订本　9-1-29（242）

131

5-7

有选用抗病品種。

C.防治病害—要注意輪作，选擇抗病良種，採用無病種子，苗床燒土消毒，播種不可過密，施用鉀肥不可缺乏，拔除病株，注意排水。

(8)蟲害：

A.土蚕—又名切根蟲或地老虎，色灰黑，晝伏土中，夜間或清晨出外嚙食菸苗，發生缺株。三月至六月，為害期很長。防治方法可於清晨巡視田間，發現新倒菸苗，即撥開其根部附近土壤，捕殺幼蟲，或用紅砒一份，麥麸二十五份，加飴糖一份，和水製成毒餌，夜間散布田中，誘殺幼蟲。

B、青虫——為菸草螟蛉之幼虫，色青、綠或雜花色；在菸苗
植後一個月左右出現。齒食叶片及嫩芽，使叶片發生小孔，有
時鑽入莖中，開花結蒴時則入花中或蒴內。防治方法：出少可
以捕殺；過多則用砒酸鉛或砒酸鈣一斤，與石灰兩三斤混合，
用噴粉器撒佈叶片上毒殺。

C、蚜虫——為体小，倒卵形，綠色或灰紅色，有翅或無翅，叢集
於幼芽與叶片上，吸取液汁，致使菸叶生長不良，同時分泌黏
液，使菸質變劣，又能誘致煤病，傳播毒素病，為害極大。防
治方法：可以噴射菸草水，或棉油乳剂。菸草水製法，是用乾
菸葉一斤，水五斤煮沸，用時加清水十倍噴射；棉油乳剂配合

132

9-8

是用棉油或菜油一斤，肥皂二两，水半斤，先将肥皂切成薄片，使其溶化水中，再将油类煮热，渐次加入，用力搅动，使其混合均匀；用时加水三十倍，用喷雾器喷射蚜虫聚集之处杀之。

华西实验区农业组张石城编农业研辅教材《农业辅导手册》合订本　9-1-29（245）

133

栽培甜橙

農業研輔教材之九

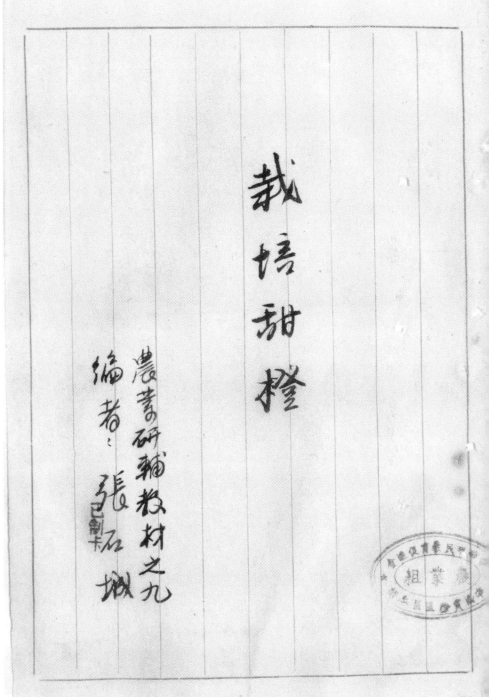

編者：張石城

134

6、栽培甜橙

柑桔原產亞熱帶，四川氣候溫暖，栽培甚久，分佈亦廣，據建廳二十五年調查，全省栽培面積七萬畝，約計一六〇萬株，年產柑桔二萬萬個；主要產區二十三縣，以合川最多，年產四千五百萬個，江津次之，三千六百萬個；再其次為巴縣，年產二千三百萬個，三縣總計約佔全省之半、

(一)性狀：

(1)柑橙是芸香科柑桔屬的常綠果樹，高約一丈左右、

(2)葉互生，長橢圓形，葉片生油腺，有香氣。

(3)初夏開花，有柄，萼片綠色，花瓣五片，白色，有多數雄蕊，雌

(4)花後結果外皮由有時能因試的黃色或橙黃色去年不去

香肉甜多汁，甘酸味美。

(5)紅橘分佈產(地)量多，不耐久藏，易於腐爛，售價亦低，生產過剩，

很難外銷。

(6)甜橙又名廣柑，及黃果，味甘美，易保藏，產地產量均較少，總

後須推廣，本区特(選)推廣鵝蛋柑，(這)是甜橙中最好的品种。

(二)風土：

(1)甜橙性喜溫暖，最高溫度不宜超過攝氏五十七度；最低溫度

冰點下二度，易受寒害；平均則以十五度以上最適。

(2)土壤以砂質壤土，排水佳良，又常能保持水分者為佳。

135

9-2

(3) 地勢宜帶傾斜約十度至三十度以内，南向或東南向最宜、

(4) 選擇園地宜在背風之處，或置防風林以資屏障，如長期雨量可多，成熟期雨量宜少。

(三) 栽培：

(1) 育苗：

A. 柑桔繁殖多用芽接或枝接，砧木可用酸橙，枸桔，或枳殼、

B. 砧木種子採集後，不可使之过乾，可用層積貯藏，春日播種苗圃畦寬三尺，株距一尺五寸、

C. 芽接多在九十月，枝接則在翌年四五月，接木高度以離地六七寸為宜、

(2)移植——以[illegible]

(3)中耕——每年中耕三次，第一次在二月，深耕後施肥；第二次在七月，耕鋤宜淺；第三次在十月，耕深約三四寸；勤除草（宜勤），樹生長遲緩，可行三年間作。

(4)施肥：

A.樹梢施用主肥料，普通為堆肥、廐肥、豆餅、油枯、人糞尿、草木灰等，施肥數量，則因樹齡而異；樹齡二十至三十年，每株約需施用豆餅五〇斤，骨粉九〇斤，草木灰三八〇斤，石灰一五斤；幼樹則宜多施綠肥。

B.施肥方法多在根際周輪狀開溝，施後壅土，保護根株，石灰則在冬耕剷土時施下。

华西实验区农业组张石城编农业研辅教材《农业辅导手册》合订本 9-1-29（250）

136

9-3

C、施肥时期每年多在秋冬二季，冬季或早春宜在发芽前，秋季则在六七月间。

D、桔园如在山间坡地，每年夏季至少须灌水一次，以免热发流失遭受旱害。

(5)修剪：

A、苗木任其自然发育，移植前修剪枝干，宜成半球状之树形。

B、柑桔发育很缓慢，修剪不可过烈，密、弱、病、枯之枝条，故宜剪去，徒长枝及结果枝亦需加以修剪，时期宜在三四月春暖发芽前。

C、疏果宜在开花结实以后，以免结果过多，树势衰退，当年果小，翌年又不结果。

D、甜橙須達七、八十年結果，最盛時期約為三四十年，於整底可以

則須隨時修剪、

(6) 採收：

A、甜橙成熟，色味俱佳，十二月間可以採收，

B、採果宜用果剪，採後裝籃或筐，不留果枝，以免擦傷、

(四) 病害：

(1) 瘡痂病：

A、柑桔在四五月發芽，開花時期，易生此病，雨季最盛甚，發病部位

在葉、果、新枝。

B、病葉初生油狀病斑，後成圓錐形疣狀突起，並成灰白色或黃，

137

7-4

白色，葉面粗糙，葉变畸形。
C、幼果得病，呈茶褐色，裙败而改落果；大果病徵与葉面同，中部突起，果形不正。
D、防除方法：被害果葉，剪除燒掉；發芽前至幼果期，撒佈普式七二公斤波尔多液四次。
(2) 潰瘍病：
A、此病發生於柑桔之葉、枝、果实各部，幼嫩组織之被害尤甚；故發生时期多在新芽近於生长之際。
B、葉面初生淡綠油脂，後变淡褐，病斑平滑有光，逐漸擴大隆起，彩散不一；表皮破裂，木栓细胞组織呈海棉状，梅雨时期蔓延最盛。

C、此枝病發先出淡綠色，表皮全部後色變黃褐，而上有[illegible]

實起周緣暗褐，外圍淡黃，表面初生褐色輪紋，以後漸變為灰

褐色表面有裂縫，現出潰瘍狀態。

D、防除方法：剪除病部，並用健全砧苗；五八月撒佈三五式波爾多

液三四次，或用石油乳劑驅除害虫。

(3) 綠黴病：

A、此病發生於二三月貯藏中之果實，氣溫漸高，病害亦增，病菌多

由果皮傷口侵入。

B、此病初起果皮軟化，漸呈褐色，生有白黴，後變青綠，病斑擴大，

果實內外均受侵害，果瓤腐敗，發生苦味。

138

9-5

c、防除方法：注意摘果，避摘及收受傷，貯藏庫所須用硫黃燻蒸，貯藏之前，宜用五倍食塩溶液浸果三十分鐘，或用百分之二至五之硼砂溶液浸果五至七分鐘，陰乾貯藏，軟紙包裹，注意貯藏期中之濕度與空氣流通、

(五)虫害：

(1)介殼虫：

A.白條介殼虫或名吹綿介殼虫，為害最烈；七至十月吸食樹液，誘發煤病，果實被害，变成黑色。

B.成虫腹部及觸角都有長毛，容易隨風飛散，附着他物傳播，故其蔓延頗廣，爲害亦大、

C.防治方法 在冬季此虫產卵之前，噴射硫黃石灰合劑或石油乳
劑十倍水溶液，但以氰酸氣燻蒸最為有效，培養赤星瓢虫或寄生
菌，也可作天敵防治，

(2) 柑桔天牛：

A. 六七月間成虫在樹根幹基部產卵，幼虫孵化，先食樹皮，侵入樹幹，
幼虫期共在樹內侵害二至三年，始變成虫，

B. 防治方法：在成虫產卵時期，以石灰塗白樹幹，可防產卵，或捕殺
成虫，以鐵絲鈎出捕殺，或用紅洋火頭及氰化苦毒殺，

(3) 甜橙果實蠅

A. 六月下旬至八月，成虫產卵於果皮，幼虫在果內侵蝕，使果變黃，

华西实验区农业组张石城编农业研辅教材《农业辅导手册》合订本 9-1-29（256）

9-6 139

早落，每年發生一代，十一月老熟，自果中鑽出，至地下化蛹越冬。

B、成虫在枝葉繁茂之陰處棲息，皮厚之果實及通風得宜之幼樹被害少。

C、防除方法：摘除被害果實，集中毀滅；冬耕掘卵，捕殺成虫。

1

29卷

種豬飼養

160頁

農業研輔教材之十

編者：張石城

2

10-1

7 和猪饲养

猪是中国农村中最普遍的家畜，养猪是四川农家最主要的副业。全国养猪總数三十六年估計約為五千四百万头；四川最多，全省共約八百六十万头，本區十縣一局，养猪總數約共一百万头。荣昌白猪為中外驰名之优良品种，四川之猪鬃输出更佔外銷農產之大宗。所以养猪利益很多，前途希望極大。

（一）养猪之利

（1）猪之体质强，生殖力大，飼料少肥育快，养猪之資金周转容易，一年之收獲利很多。

（2）猪之飼养不择風土，管理方便，家庭婦孺皆可照料，

（3）养猪可以利用廢物，農家剩余之菜渣、糠皮、米糠、麦麸、[illegible]

飼料

(4) 猪之副產很多，毛骨可以製刷；骨粉毒異次可作肥料，猪之腸衣可外銷。

(5) 猪之肉味佳美，又多油脂，營養豐富；加工可製火腿、香腸、肉鬆、蜡肉，農民多食肉類，可以增進健康。

二）種猪介紹：

(1) 約克夏猪——原產英國，全体毛白，成熟公猪重五百斤以上，母猪約重四百斤左右。头長前傾，耳聳而薄，体長背狭，皮薄光滑，腿肉厚，肉味佳，為本區推廣用之純種公猪。

(2) 榮昌猪——猪体毛白，有黑眼圈，或头耳大部黑色，眼毛皆白者，都為聾子。猪鬃堅長，品質優良，售價較高；油脂豐富，能耐粗糧，

鑒山四寶閣文具印刷紙號印製

10-2
3

生殖力强，每胎可產仔猪十二頭；為本區推廣用之純種母猪。

（三）雜交猪之優点：

⑴雜交仔猪少有死胎，抗病力强，夭亡較少。

⑵雜交猪生長快，斷奶時比純猪多三斤半，全窩猪重也較大，一年可長到三百斤以上。

⑶達到肥育標準所需之天數比純種猪少兩週，飼養八個月體重二百斤即可出售，

⑷肥育快，飼料亦較節省；普通要比純種猪少用十分之一。

⑸生產能力强，每窩小猪多，又重又健康。

⑹母性很好，哺育小猪週到，可以減少死亡。

（四）猪舍修建。

华西实验区农业组张石城编农业研辅教材《农业辅导手册》合订本 9-1-29（5）（6）

10-3　4

豬舍修建設計

(一)修建豬舍的地方，應南向及高燥；若有天然傾斜更好，水及糞料容易排洩，通常先掘地土五寸至一尺，然後鋪以礫石或洋灰；普通地面多以石板鋪設。

(二)臥地要乾燥，因為潮濕容易生病；並宜常撒石灰、細心管理。

(三)豬舍四面圍牆，宜用磚石建築，但以土築比較經濟，或以磚石為底，上層則用土築。

(四)豬舍要空氣流通，日光充足；門窗要寬大，都宜南向或東南向。

(五)糞水排洩的設備要特別注意，豬舍四周，宜開淺溝，屋外掘坑收聚糞水；坑長三尺，寬二尺，深三尺。

(六)豬舍每天要灑掃，豬體也要常刷洗，睡草每星期要更換，地上宜撒用石灰，鋸屑或乾土，以吸收尿液，減少臭氣。

(七)豬舍外面要有運動場，圍建木欄，可開一門，以

（側面）

（正面）
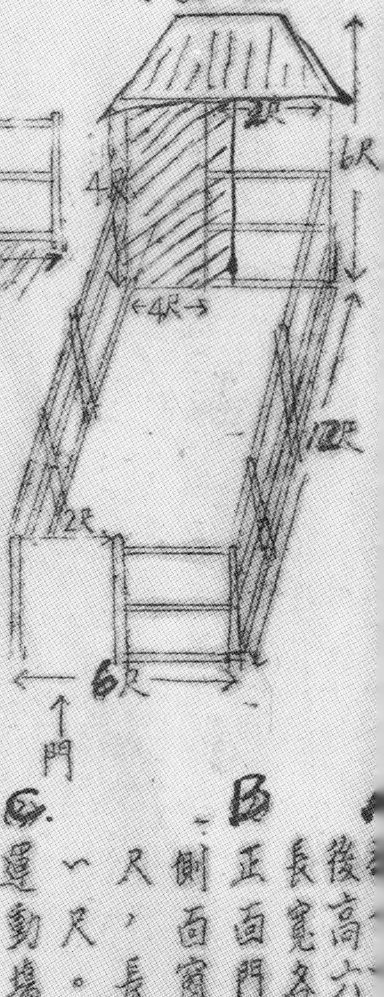

後高六尺，佔地長寬各六尺。

(B)正面門寬二尺，側面窗高離地三尺，長二尺，寬一尺。

(C)運動場長一丈二尺，寬六尺，欄高三尺。

(4)豬舍地面土築或鋪磚石，洋灰，向外傾斜，四週開淺溝，糞水可流出舍外，以便掘坑收取，如地鋪木板（則掘坑要深，板上常洒石灰，下為糞池）保持乾燥。

(5)豬舍牆用磚石或土築，屋頂蓋草加瓦或釘木板。

(6)門，窗，豬欄，均用木料釘牢。

5

0-4

(2) 种猪飼養、

(1) 种猪飼料應照規定標準配合，玉米百分之二十，麸皮百分之三十，黄豆百分之九，食盐骨粉各占百分之0.5。

(2) 平均种猪体重一百斤，每日需喂精料七斤，包括玉米四斤，麸皮二斤，黄豆粉十二两，另加食盐骨粉各少许；並喂青草菜葉二斤半。小猪飼料酌減。

(3) 喂料时間宜早晚各一次，間隔八小时；採用生喂方法，不要煮熟，以免浪費燃料人力及时間。

(4) 先喂米粥，須經水泡二十四小时，容易消化；總粒倒入食槽。吃完再喂粉料，可將麸皮黄豆粉食盐及骨粉等用水調和，後喂清水；中午則喂青草菜葉。豆渣、苕糠及粉糟房之副產品，均可利用。

(5) 种猪每日須有適當之運動[illegible]

6

10-5

長發育極有幫助。

(六)交配管理：

⑴種豬交配時公豬年齡以十月至一年為宜，交配時間多在每年十至十二月或四至五月；每期配種以五十頭為限。母豬年齡宜在七個月左右，交配日期以在發情後第二日為宜，於次發情在五個月以後，發情週期為十八天。

⑵配種時公豬須安之氣活潑，精神飽滿；每日配種宜在上午十時或午後三時，每天交配以一次為限。

⑶母豬受胎後三個月內須分飼，妊娠期平均約為一二〇天，分娩後哺乳八星期，可行第二次交配，一年兩胎極為經濟。

⑷母豬分娩時舍內多放乾草；冬季設法生火，生人不准入內，胎衣及死豬必須取走，以免母豬啣食；產後宜喂稀粥、麦麩，以使恢復体力。

售；同窝兄妹，绝对不能相配，

㈥种猪交配，应填写交配纪录表；种猪如有疾病发生，应随时报告，接受指导，防疫治疗。

华西实验区农业组张石城编农业研辅教材《农业辅导手册》合订本　9-1-29（12）

7

稻田養魚

農業研輔教材之十一

編著：張石城

中華平民教育促進會華西實驗區本部
農業組

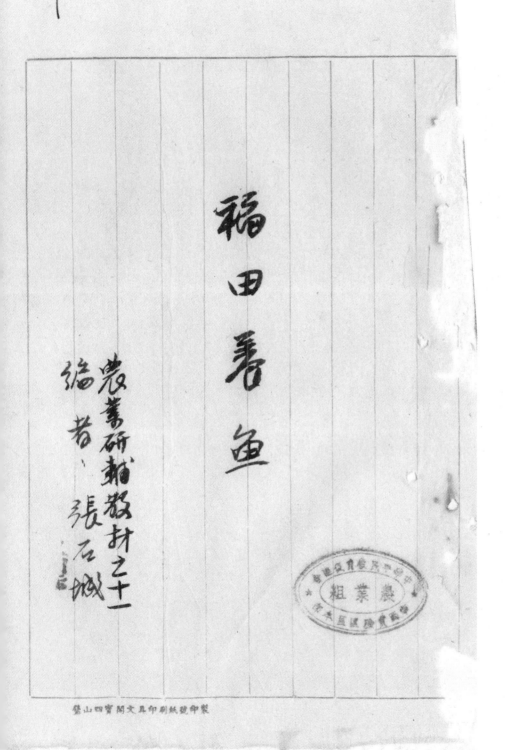

璧山四寶閣文具印刷紙號印製

11-1 8

8. 附件(三)

稻田養鯉魚

利用稻田養魚，我國各地均已普遍盛行，尤其是鯉魚，生長快，價錢好，更受一般農友的歡迎。但是，如果要想年年都養得好，收得多，這也不是件容易的事情。現在把我們用過的方法，和得到的經驗，報告給農民們作參考。

(一)怎樣選擇稻田

不是每塊稻田，都能養魚的，最好是依照下面的標準，來加以選擇：

(1)要灌水和排水都方便的，這樣，才可以減少天乾和水淹的損失。

(2)要接近住宅和田土肥沃的，因為接近住宅，看管和保護，都較方便，田土肥沃，能使鯉魚，長得快而大些。

(3)要田坎高厚而牢固的，使漲水時不容易[illegible]

(4)要無毒質和放過石灰的，因為這種田的水質，對於魚類的生長，都有妨礙。

(5)要不當冲水當大的，因為當冲水大的田，多不肥沃，魚長得慢，並且在山洪暴發時，常因四面田水匯積，排洩不及，或冲潰田隄，或翻越田坎，使鯉魚也隨着逃跑。

(二)怎樣整理稻田

稻田既經選定，還要加以整理，才能養魚。

(1)田坎加高加寬　我們所見的稻田，如用來養魚，高度和寬度，都嫌不夠，要加高為一尺四五寸，加寬為一尺二寸，這樣不但可以多容水量，水漲時亦能從容排洩，還可以避免田坎崩潰的危險，同時減少鯉魚逃跑的機會。

(2)注水口和排水口處要加竹箔，距注排水口的附近，須設高出水面約二三尺的竹箔，因在漲水時，鯉魚容易從那些地方逃跑。

(3)作魚窩魚溝　稻田中央，作魚窩一個，面積

半方丈，深約一尺（將來移栽大的秧苗栽於窩內），同時在注水口處和排水口處，各作一魚溝，寬一尺，深約七八寸，與魚窩相連，在接近注水口處稍淺，排水口處較深，魚窩魚溝的作用，是當天熱或田水減少時，鯉魚有棲息逃避之處，而在漁獲時，更可便於捕捉。

（三）怎樣放魚

稻田既經選定，整理，以後應注意如何把魚苗放入田中：

(1)何時放魚苗　以魚苗體長一寸，於插秧一週後，田水澄清時放入田中為最佳，因魚苗過小，放入田中，死亡頗多，過大，在魚苗池裏密集，生長較慢，又在插秧時，一經耕耙，田水混濁，對小魚苗的生長，頗多妨礙，且有些地方，在插秧後當有中[illegible]撞入泥裏，有時使鰓裏浸滿泥沙，皆容易增加魚苗的死亡，故最好是用洗臉盆，瓦缸，木桶等裝魚苗，輕輕放在水上，逐漸傾斜，使魚苗緩緩遊入田中。

(3)放多少魚苗　這要看稻田大小，肥瘦來決定，就我們的經驗，如果是肥田，每挑谷的田面積放四五十尾，瘦田放七八十尾，魚苗較小時，每挑谷田面積應多放二三十尾，總之，放魚的多少、不能一定、放得少，則魚長得大，放得多、則魚長得小，因為稻田對於魚的天然生產量，是有一定的。

(四)怎樣管理

(1)防山洪：夏天暴雨很多，山洪時發，許多養魚的農友，都因此失敗而灰心，所以這點要特別注意。養魚的田，如有排洪溝（在稻田旁邊，另備的排水溝），那最安全，否則，應在山洪發生時，到田邊去巡視，以便排水，在晚上，也要同樣注意，

华西实验区农业组张石城编农业研辅教材《农业辅导手册》合订本 9-1-29（20）（21）

10

-3

稍不小心，水漲時，魚就一溜而光了。

(2) 防天旱：選擇稻田時，要特別注意：田坎的透水性，和注水的充足，當天旱時，最好是注入新水，不然，則祇有將魚轉運到其他蓄水較深的田中。

(3) 防人偷：偷魚或強迫取魚的壞風氣，各地常有，這使許多養魚的農友，不敢再養魚，防止的方法，是大家聯合養魚，互相看守，同時由鄉鎮保甲嚴令禁止，養魚的農友，晚上要巡查田坎，以防害小，放水偷魚，祇要各地習成良好風氣，這個問題，自不發生。

(4) 防敵害：插秧過後，田水較淺，這時鷺鳥常涉水捕魚，平時翠鳥亦時在田邊，偷襲魚苗，均用鳥槍驅殺，家鴨最好不入養魚田，如有水老子（即水獺）為害，可用鳥槍或老虎鋏捕殺。

(5) 界斗：稻田養魚，也應設置界斗，以[illegible]

了）的污水，清潔的糞……

天，用糞瓢撒入田中，供魚攝食。

（乙）越冬：

（A）原田越冬——秋收後，如果田水有三四寸以上，則可不取出，以後再引注新水，使鯉魚在原田裏過冬。

（B）換田越冬——秋收時田水甚淺，必須取出，轉於蓄水較深的田中。

（五）怎樣漁獲

稻田秋收以後，這時鯉魚，大者約有十二一兩，小者亦有三四兩，如果田裏有水，最好再繼續養二三月，如田水缺乏，無法再養，祇好運去販賣，不過這時市價最低，如其他稻田有水，可以移入，到冬月初，魚已入越冬狀態，可漁獲起來，分別放入蓄水深的田中，或小池塘裏，這時，大者約近一斤

华西实验区农业组张石城编农业研辅教材《农业辅导手册》合订本　9-1-29（23）

左右，可準備在年節時出賣，因為它大小較重，都合市場需要，不到十兩重者，可準備明年再養，次年於插秧後放入稻田，每挑谷田面，約放十尾即可，到年底可有二三斤重。

12

1-5

附件（上）

(六)、取運魚苗須知

(一)、事前準備：應預備一個臨時魚苗池（用稻田一幅，耙平，注水即成）及各種運輸魚苗器具，以便到時即可放養。

(二)、取運時間：取運日期，應先與對方商定，到時如逢陰天或微雨天最好，如係晴天或炎熱天，則以在清晨，或下午四時以後起運為佳。

(三)、運輸器具：如係水運，則用小木船一隻，將魚苗放於船艙中，或用魚苗籮，瓦缸等裝好魚苗，再置船上起運。如係陸運，則以魚苗籮最好，否則改用舊水桶亦可，並應準備換水器具，普通多用蒸籠及小碗一個，最好是用泌水（竹製，細目竹篩及竹吸筒，在運輸途中，亦不可少。

(六) 取運數量：運輸魚苗數量，視魚具而定。在一魚具內，總以較少為佳，因過於密擠，在途中每易增加死亡率。以舊水桶言，每挑可運體長六七分者約六百尾。如改用魚苗籮，每挑則可運八百至一千尾，如係用船運，每隻可運十萬尾以上。

(七) 運輸途中注意事項：

(八) 換水：運輸時，為減輕重量，使行動方便計，運魚具內，留水甚少，水中氧氣，消耗易盡，故每隔半小時左右，須換水一次（如果發現魚苗多浮集水面，呼吸呈困難狀態者，則為水中氧氣缺乏象徵，此時必須立即添換新水）換水時，先將新水充分注入，讓魚苗活潑游泳，約五分鐘後，再用換水用具，將水取去大部份後，再行續運，換水用具如係蔴袋，則先放小石塊入袋，使袋在運魚器中下沉，再用小碗入

华西实验区农业组张石城编农业辅导手册《农业辅导手册》合订本　9-1-29（27）（28）

11-6　13

袋取水傾出。如係用泌水，則將泌水放入運魚器內，以小木瓢向泌水內取水傾出，此法比前者迅速而省力，最為方便。

㊃剔苗：魚苗密擠或過小（三四分長）在運輸途中，常有死亡，死後其條懸浮於水中者，則用小竹瓢剔去，如係沉墜於器底者，則用竹吸筒剔除。

㊄投餌：魚苗能在一日以內運到者，途中可不投餌（或稍給餌），如途程較遠，則每日應投餌二三次，餌料以煮熟之雞蛋黃或鴨蛋黃為佳，用時以細孔蔴布包好，放於水中，以手輕揉，則有蛋黃粒緩緩浸出，供魚苗攝食，投餌時間，在上午九時及下午三時，每次給餌，不可過多。

㊅運來後之處理：魚苗運到後，即應注入新水，使它恢復疲勞，靜置約二三小時後，運到魚苗池，先用木瓢取水，然後再將運魚具放入水中，逐漸傾斜，使魚苗緩緩游入池中，如係取運較久之魚苗，事先未作魚苗池，並於插秧後既運者，可

14

12-1

獸疫防治

農業研輔教材之十三

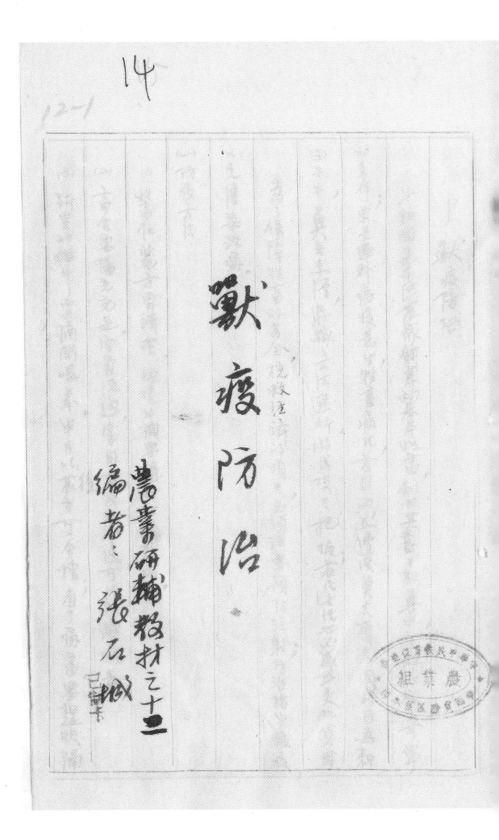

編者：張石城

华西实验区农业组张石城编农业研辅教材《农业辅导手册》合订本 9-1-29（30）

15

2-1

戊、獸疫防治

牛和猪是本区農家飼养的基本牲畜，利用其勁力和糞水是做莊稼不可缺少的条件；要是遇到瘟疫發生，牲畜病死，農家必定遭受莫大損失，同時因為耕田缺牛，糞無来源，莊稼無法進行，收成没有把握，農民生活也必感到更加貧困。

為了保障牲畜的安全，挽救經濟的損失，必須注意預防注射防治猪牛瘟疫，以免傳染致病。

(一)防疫方法

(1)牲畜住的地方要清潔，猪圈牛欄要隨時打掃乾淨。

(2)畜舍要陽光充足，空氣流通，常用石灰水沖洗可以殺滅病毒。

(3)新買的猪牛要分開隔離餵養，半月以後方可合羣；有了病畜要呈[illegible]

離以免傳染。

(3)預防注射，最要緊，打針可以防疫，打醮不能治病。

(4)發生瘟疫趕快報告，鄉派員前來防治。

(5)病畜的糞尿和屍体必須燒毀深埋，以免傳染，病畜皮肉嚴禁出售，貪便宜買回來，就是引禍入門。

(二)主要牛病

(1)牛瘟：

A.病狀：初病三至九天之內不易發現，病後發生高熱，水牛体温會高至攝氏四十二度，口內黏膜發炎，繼起水泡，精神萎頓[須]，低頭耳垂，背部拱起，不思飲食；一二日後黏膜發紅，下牙床及口唇發生許多水泡，不久就會破裂。

16

2-2

B. 治療——發現之初，可用抗瘟血清注射；病重時即去医治。

C. 預防——平日注意保育健康，如有病畜發現，趕快隔離，以免傳染；注射牛瘟菌苗，可以增加抗病能力。

(2) 炭疽病：

A. 病狀——最急性的不易診斷，即會死亡；急性病狀為体温增高，由可工作吃食，隨時均可倒地而死；有時初顯驚慌狀態，不願多吃，反芻停止，舌腫大，色黑紫，鼻、口、肛門有流血現象；病重尿小便帶有血，頸胸腹部及外生殖器有水腫現象。

B. 治療——局部症狀可用刀割去，擠出內部之流体，然后用百分之三的石炭酸溶液洗淨；初病可用血清治療，体温高時可用冷水洗擦腫脹部分，或用酒精松節油等药塗敷；[illegible]

C、預防——病畜必須隔離，畜舍及用具要消毒，并用疫苗預防注射。

(三)主要猪病：

(1)猪瘟——又名猪霍乱，俗名爛腸瘟。

A、病狀——急性猪瘟，突然倒地斃命，無一定病狀，死亡率高；普通病症，溫高達攝氏四十一度至四十二度，精神沉鬱，食量大減，脊背拱起，全身發抖；眼內發炎流淚，糞便初期乾燥，三四日後轉為下痢；步行踉蹌，以至垂頭，四至七日而死。

B、治療——藥物治療完全無效；注射抗瘟血清，只可預防。

C、預防——注意猪舍清潔，病猪必須隔離，猪舍內用具消毒；病重先殺，屍体深埋，糞尿皆須毀滅，以免傳染。

(四)猪肺疫——又名出血性敗血症，俗名清水瘟。

17

2-3

A、病状——体温高達攝氏四十度以上，高热持续不退，常發乾咳，鼻流粘液，呼吸迫
促，不能起立，时坐犬坐式，最急性者多卧少動，強使行走則左右搖擺，甚至作不隨意
之抽轉。死前皮肤發生红斑，常与猪瘟併發。
(B)治療——初期注射猪肺疫血清有效。
(C)預防——可用猪肺疫菌苗注射兩次，免疫期八個月至一年。病猪必須
隔離，猪舍及用具可用石灰水洗滌消毒。
(5)猪丹毒——俗名打火印。
A、病状——突發高热至攝氏四十二度以上，忽然停食，嘔吐便泌，半身麻
木，终日伏卧，不願行動，眼發炎，頸水腫，全身各部遍發红斑，稍後淡红，漸變暗红（通常三
四日即死，亦有延至七八日以上者，病勢如轉慢性，可延至二月之久，病菌未除者

飼料飲水或由皮膚傷口侵入，小猪最易得病。

B. 治療——初期注射抗丹毒血清有效，藥物可用胰胳珍（須先注）猪重百斤服用四克。

C. 預防——注射猪丹毒菌苗，病猪必須隔離，屍體必須焚燒消毒以免傳染。

(四) 預防注射

(1) 牛瘟——A. 兔化牛瘟疫苗——皮下注射0.5至1西西，有效期一年。

B. 牛瘟臟器苗——体重百公斤皮下注射三至四西西，有效期一年。

(2) 炭疽——炭疽第一第二預防液相隔十至十二日皮下注射，牛猪各共0.3西西，同時注射血清十五至三十西西；小猪二液0.1西西，血清五至十五西西；有效期一年。

华西实验区农业组张石城编农业研辅教材《农业辅导手册》合订本 9-1-29（36）

18

2-4

(3)猪瘟：—猪霍乱預防液一或二回皮下注射，两回相隔二週；第一回〇·三西西，第二回〇·七西西；有效期一年。

(4)猪肺疫—猪肺疫預防液，相隔七至十日分二回皮下注射；第一回〇·五西西，第二回〇·七西西，有效期一年。

(5)猪丹毒—死菌預防液用量小猪一·五至三西西，中猪三至四西西，大猪四至五西西；生菌預防液小猪一至二西西，中猪二至三西西，大猪三至五西西。

(五)緊急預防：

(1)牛瘟—传染区皮下注射牛瘟血清十五西西，有效期二個月。

(2)炭疽—皮下注射炭疽血清，牛马三歲以下三〇至五〇西西，三歲以上五〇至八〇西西；小猪一〇至二〇西西，大猪二〇至五〇西西；有效期二至三月。

(3)猪瘟 [illegible] 有效期 [illegible]。

（4）猪肺疫——皮下注射出血败血症血清一〇至三〇西西，有效期一至三月。

（5）猪丹毒——皮下注射猪丹毒血清，小猪五至十西西，中猪十五至二十西西，大猪三十至四十西西，有效期一至三个月。

（六）治疗注射

（1）牛瘟——体重一百斤皮下或静脉注射牛瘟血清三十至五十西西，医疗效果百分之三十三。

（2）炭疽——皮下或静脉注射炭疽血清，牛马三岁以下一〇〇至二〇〇西西，三岁以上二〇〇至三〇〇西西；小猪三〇至八〇西西，大猪五〇至一五〇西西，医疗效果百分之三十。

（3）猪瘟——皮下或静脉注射猪霍乱血清，小猪一〇至三〇西西，中猪二〇至五〇西西，大猪五〇至一〇〇西西；医疗效果有百分之三十三。

（4）猪肺疫——皮下或静脉注射出血败血症血清二〇至六〇西西，医疗效果百分之七十。

（5）猪丹毒——皮下或静脉注射猪丹毒血清，小猪一〇至二〇西西，中猪二〇至四〇西西，大猪四〇至八〇西西；医疗效果百分之四十五。

华西实验区农业组张石城编农业研辅教材《农业辅导手册》合订本 9-1-29（38）

19

病虫防治

農業研輔教材之十三：

編者：張石城

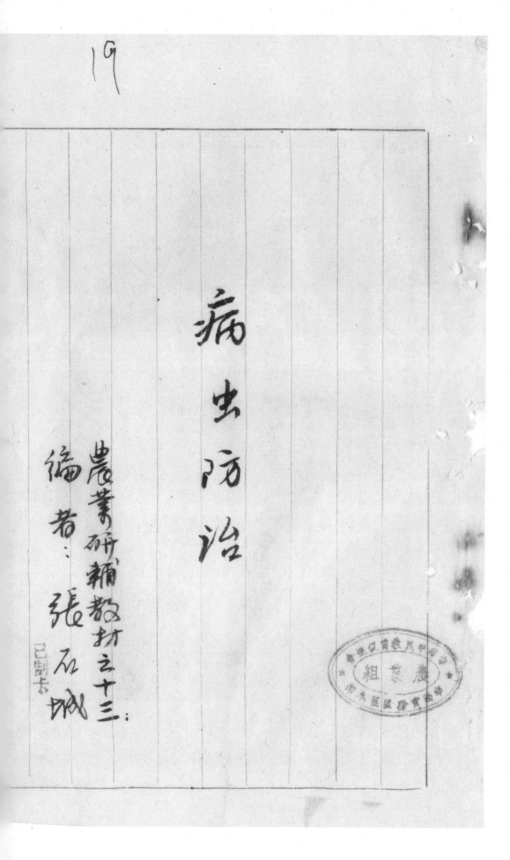

已制卡

13-1

10. 病虫防治

防治害虫，普通多用藥械；有时專靠人工捕捉；事前預防，比較更為重要。间作和輪作，都能預防一種害虫的继續為害；提早或延遲播種，亦可避開為害最猖獗的时期；冬耕翻土，中耕除草，保持田園的清潔，都能除去隱藏的虫卵和蛹，使其遭受霜害凍死，或被禽鳥啄食，自然消滅，减少損害。

(一)主要害虫的防治：

(1)菜青虫（菜白蝶）1为害十字花科蔬菜，如青菜，蘿蔔，甘藍，花椰菜等。

A.鱼藤粉液剂 1鱼藤粉一斤（或鱼藤精一瓶），中性肥皂七

兩，加水二〇〇斤，噴射植物上，每畝用三至五斤，有效期七至十日。

B、魚藤粉劑－魚藤粉一斤，與草木灰，高嶺土或滑石粉九斤，充分拌和，在清晨露水未乾时撒佈，每畝用三至五斤，有效期七至十日。

C、砒酸鉛（鈣）－砒酸鉛（鈣）一斤，加水二〇〇斤，甘藍菜可加百分之一的麵粉，使藥液容易黏着，每畝用藥一斤，有效期七至十日。

(2) 黃條菜蚤－為害十字花科蔬菜。

A、魚藤粉泡劑－魚藤粉一斤，中性肥皂七兩，加水二〇〇斤，即可噴射一畝，有效期五至七日。

B、魚藤粉劑－魚藤粉一斤，与草木灰或滑石粉四至五斤，充分

璧山四寶閣文五印刷紙號印製

21

3-2

拌和，在朝露未乾时，可撒布一次，有效期五至七日。

(3) 大猿葉虫——为害十字花科蔬菜。

A、砒酸鉛（一錢）——砒酸鉛一斤，加水三〇〇斤，可噴射一次，有效期十日内。

B、魚藤精液剂——魚藤精一斤，中性肥皂七兩，加水二〇〇至二五〇斤，可噴射一次，有效期十日内。

C、魚藤粉剂——魚藤粉一斤，与草木灰或滑石粉九份拌和，在晨露未乾时可撒布二次，有效期十日内。

(4) 蜗虫——蜗虫种類甚多，被害植物亦廣。

A、魚藤精剂——魚藤精一斤，中性皂七兩，[illegible]，加水二〇〇公五○○斤，可噴射一畝至二畝半，有效期十日。

B、菸草水 — 菸葉一斤，加水二十五斤，浸二十四小時，過濾後每畝噴射藥液二○○斤。

(二)主要藥劑之配製

(1)菸草水 — 防除菜蚜、棉蚜、桔蚜。

菸葉或菸莖一斤，加水二十五斤，浸二十四小時或煮開，過濾即成。

(2)除蟲菊皂液 — 防除草菓綿蟲、菜毒蛾、粉毛蟲，

A、用肥皂二十二兩，切成碎片，溶于六斤熱水中，

B、後將除蟲菊粉十一兩加入充分攪拌。

C、再加冷水十二斤，攪勻後稀釋一至二倍，即可應用、

璧山四寶閣文具印刷紙號印製

22

3-3

(3)巴豆乳液—防治棉蚜、桔蚜、

A、巴豆一两用布包放在二十两清水中；加壓擠出乳液，（手上須塗凡士林，穿工作衣戴口罩）

B、再以碎肥皂二两溶於二斤热水中、

C、傾該肥皂水於巴豆乳液中，混和使用、

(4)棉油乳剂—防治棉蚜、菜蚜、

A、將石碱二两在一斤水中加热溶解、

B、再加切碎之肥皂十两，使其完全溶解、

C、徐徐加入棉油四两，且倾且攪，充分混合即成母液、

如用时加水稀释五十倍噴射、

(5 石油乳剂—吹绵介壳虫，红腊介壳虫，坚球介壳虫

虫，~~蔬菜~~葡萄金花虫，金毛虫，桑丸蚧、

A、先将二十斤水煮沸，加入切碎之肥皂一斤，使其溶解、

B、徐徐注入石油四十斤，竭力搅拌，使成白色黏稠之乳液、

C、施用时冬季加水七至十五斤，夏季加水二十至四十斤、

D、加水前先用二三倍之热水与母液混和搅拌，然后再加冷水、

(6) 松脂合剂—防治吹绵介壳虫，红腊介壳虫，坚球介壳虫，桑丸蚧、

A、先将碱粉三斤，溶于十斤热水中，加水煮沸、

B、再将松香碎粉三斤加入，用棍搅拌，完全溶解，滤出渣滓、

23

3-4

即成母液、

C、参考加水稀釋五十倍，夏季加水八〇至一〇〇倍，噴药

(7) 石灰硫黃合劑——防治吹綿介壳虫，紅蜡介壳虫，堅球介壳虫，柑桔吉丁虫，梨星毛虫、

A、先用少量之水將石灰一斤溶解而成粉狀，再將熱水十斤傾入煮沸、

B、继將硫黃粉二斤傾入，同時用棍攪拌，煮之稍乾，即再加水，補將原有水量、

C、煮後三刻至一点鐘，熄火使其沉澱，濾去渣滓，即成琥珀色之母液、

(8)波尔多液（一%液）治蔬菜幼虫及各种果树之病害

A、先将硫酸铜一斤，加入十斤水中，煮之使其溶化，然后加水至五十斤

B、另将生石灰一斤，加水十斤稀释，过滤加水至五十斤、

C、两种溶液同时倾入另一容器内，充分搅拌喷射、

(三)砒酸铅用法

(1)性状功能：砒酸铅为粉红色粉末，含金属砒毒百分之二十以上，水溶性砒毒仅含百分之〇.三五，毒性强烈，对植物之药害极少，砒酸铅为标准之胃毒剂，专治一般咀嚼口器之害虫，例如蔬菜类之黄条叶蚤、猿叶虫、菜蛾幼虫、菜螟幼虫、菜白蝶幼虫（青虫）、及守瓜、甘蓝、果树类之卷叶虫、象鼻虫、金花虫、金龟子，及其他食叶类

害虫，

(2) 施用方法：

A. 液用法：先用少量之水，加入砒酸铅製成糊状，然後加入其餘水量，充分搅拌或须过滤，製成药液，随配即用，以喷雾器撒佈均匀於受害作物各部，或用扫帚撒洒，同时须将药液不时搅拌，以免药粉沉澱。

砒酸铅可与其他药剂混用，如波尔多液，硫酸菸鹼，毒鱼藤，D.D.T.及B.H.C.等，倘与触杀剂混用，则同时可以防治咀嚼口器与吸收口器之害虫，为改进砒酸铅之粘着力及展着力，可参照土法，酌加粘着剂与展着剂。

(2)粉用法——砒酸鉛粉可用各种适当填料[illegible]

瓷土，消石粉，碳酸钠，草木灰或筛过之幼土等，调制时须使两者充分混合，最好混合筛过，於朝露未乾时撒佈之。

撒粉方法，可用喷粉器或纱布袋，撒粉务求均薄，不必过量，使用，砒酸鉛与填料混合之重量比率为砒酸鉛粉一份，填料二至六份。

施用砒酸鉛时，向具防治效力，极有关係，普通最好於害虫未出现时施用，以资预防，如防治捲葉虫应於葉未捲起前使用，如害虫已发生，须用药剂除治时，则应於初次发现害虫时，即行施用。

(3)施用分量：

A.蔬菜類——砒酸鉛專治蔬菜類各种咀嚼口器害虫，但对抵抗性弱之蔬菜，如豆類，菠菜，及甘藍，椰菜花心葉結球後，均不宜使用液用分量為清水一〇〇斤，加砒酸鉛粉四至十兩，普通砒酸鉛一斤，加水一至二挑，可施菜田一畝，粉用份量，是將砒酸鉛粉之填料混合篩過，每畝耕地用粉一斤半至二斤。

B.果樹類—防治果樹類咀嚼口器害虫，如金龜子，金花虫，象鼻虫，毛虫，尺蠖，食果虫及鋸蜂幼虫等，均以液用為便，普通用水一〇〇斤，加砒酸鉛粉六兩；但对核果類如桃李杏等，可用砒酸鉛石灰液配合，其量為砒酸鉛一斤，熟石灰二斤，加水二五〇斤。

4.注意事項：

A.砒酸鉛毒力強烈，人畜切忌入口，施用後之殘屑及盛器，最好

焚燒或深埋，以免牲畜誤食中毒

B、施用砒酸鉛後，即須洗手；所用之一切器具，亦須洗淨，凡用以撒佈之器具，不可移作別用。

C、勿使砒酸鉛與皮膚過分接觸，如已接觸即須洗去；凡施用砒酸鉛後，如未洗手，不宜進食或吸煙；撒粉或噴液時宜避免吸入粉末或霧點。

D、凡經施用砒酸鉛之菜葉，須用清水充分洗淨後，始可食用；未經洗濯之菜葉，不可喂飼牛豬鷄鴨等禽畜。

E、蔬菜收割前十五日內，不宜施用砒酸鉛；果樹開花及成熟期亦不能施藥，以免殘毒為害。

华西实验区农业组张石城编农业研辅教材《农业辅导手册》合订本 9-1-29（51）

26

3-7

F. 砒酸铅应放置於乾燥地方，以免吸潮结块，配就之药，宜在当日施用。

（四）碱铜之用法：

（1）性状功能：碱式硫酸铜或称碱铜，为绿色粉末，含铜约百分之五十二，与普通硫酸铜相似，但其含铜量较高，为最常用的防病药剂，例如苹果之腐烂病，炭疽病，樱桃之叶斑病，葡萄腐病，桃缩叶病，疫病，柑桔疮痂病，溃疡病，豆类炭疽病，黄瓜疫病，番茄疫病，马铃薯疫病，番茄叶斑病等，均可用此药剂防治，功能与波尔多液相同。

（2）施用方法：通常为液用法，与普通硫酸铜相似，使用时加石灰及水，其比例为碱铜一斤（约为普通硫酸铜之半量）石灰二斤，加水二〇〇斤，夏季果樹噴射時，硫酸銅使用量減半，用時先將硫酸銅與石灰分盛兩桶，加水各半，分別溶化；同時傾入另一容器內，充分攪勻後，宜即噴霧器撒佈；並須隨時攪拌，以免沉澱，柑橘噴射，可於結果以後二三個月內，噴射三四次。

(3)施用份量：視作物情形而定，普通以硫酸銅一斤至一斤半，配合藥液二〇〇至三〇〇斤，可施用果園一畝。

(4)注意事項。

A.硫酸銅藥液不可放在金屬容器內。

B.不能噴射於果樹之嫩枝部份、

C.可與砒酸鉛混合施用，但不能與砒酸鈣合用。

D.配就之藥液，應當日施用。

璧山四寶閣文具印刷紙號印製

27

3-8

E.施药之後，如遇大雨，應再補施一次，

F.药剂應保存于乾燥地方，以免受潮结塊。

(四)单管喷雾器用法：

(1)单管喷雾器为喷射液体药剂之唯一機械，

(2)用时先将皮管喷桿及喷头装配完善，螺丝封紧，然後将吸筒插入装药桶内，徐徐抽動塞桿，药液即成雾状喷出。

(3)药液必須时加搅拌，以免沉澱或堵塞喷桿，抽動时不可用力过大，以免氣筒或皮管爆裂。

(4)如發現喷药不暢通时，即为濾網或喷頭堵塞，宜將各部拆散擦洗，清除再用、

(5)用後以[illegible]

以免腐蝕。

(六)手搖噴粉器用法：

(1)每套裝一紙盒，計有藥箱及蓋各一，粗管，彎管各一，直管四，扁管二，背帶二，共十二件。

(2)用时先將粗管接于藥箱，再接直管及彎管，最後為扁形管口。

(3)背帶二根接好，交叉捎紧，左手握住藥箱前把手，右手搖動鉄柄，藥粉即可噴出。

(4)藥箱中可装藥粉二至三斤，不宜裝滿；噴藥管口宜接近植物，以免散失。

(5)噴粉宜保持清潔，藥箱及管口不有藥粉阻塞，宜用乾布拭淨再用。

璧山四寶閣文具印刷紙號印製

华西实验区农业组张石城编农业研辅教材《农业辅导手册》合订本 9-1-29（55）

28

4-1

栽種蔬菜

農業研輔教材之十四

編者：張石城

29

14-1

11 栽種蔬菜

蔬菜為人生一日不可缺少的食品，因為各種蔬菜的營養豐富，可以調和腸胃，促進食慾，幫助消化，清潔血液；不特可以養身，更有經濟價值，栽種蔬菜，獲益很大。

(一)促成栽培——利用天然溫熱，或用人工加溫，可使蔬菜早期成熟，供應市場，提高售價。

(1)冷床——用玻璃框保護太陽自然的熱度來育苗，方法是做好一個木框，將框內泥土耙細，然後播種，上蓋玻璃，因所聚太陽之熱有限，故其用途不大。

(2)溫床——除去利用太陽的熱力外，又加人工所生的熱力；寒

华西实验区农业组张石城编农业研辅教材《农业辅导手册》合订本 9-1-29（57）

地可以提早播種，提前成熟，方法也是先做木框長方形，北边高，南边低，中掘土坑，深約二尺，坑底做成饅頭形，中央高，北面深，南面更深，床底先鋪落叶一層，然後踏入馬糞，再撓人糞尿少許，蓋好玻璃，過兩三天，表面再加細土厚約半尺，即可播种。

(二)軟化栽培：

蔬菜皆以柔軟多汁為貴，莖葉聽其自然生長，則多品質粗硬；如在植物生長期中使其隱藏不受陽光，葉綠素發育停止，莖叶變成白色，而且柔軟多汁，鮮嫩味美。

30

4-2

(1)束縛軟化法—莖叶生長繁茂的时候，將菜葉集攏，用稻草束縛，使日光不能透入，內部葉变軟白，如芹菜，白菜等可用此法。

(2)培土軟化法—將菜種在畦溝中，充分長大以後，用鋤堆積兩行中間的泥土，培蓋在菜根兩旁，使菜头露出三分之一在土面上，不久下部的莖叶即变軟白，如韮菜和葱，可用此法。

(3)圍板軟化法—夏季溫暖时，因用培土軟化，容易腐爛，可用木板圍在蔬菜兩旁，使其不見日光而軟化。

(三)貯藏加工：

蔬菜柔軟多汁，不易貯藏，除此立即供食為宜，但

若生產過剩，價格低落，欲求四時供應不斷，即需多在

室內室外貯藏，或經加工裝罐，長期保藏。

(1)貯藏環境：

A、不受外界氣溫的影响。

B、有优良通風的設備。

C、内部溫度低涼，但在冰點以上。

D、内部空氣不可過分乾燥，須帶適度的濕潤。

(2)選擇处理：

A、貯藏蔬菜必須健全，無病虫及破伤。

31

1-3

B、未熟及過熟的蔬菜，容易腐爛，宜在適期採收。

C 葉菜類含水分多，宜先適度乾燥，貯藏時不可堆積。

D、隨時檢查，遇有病虫，腐爛，趕早分開，以免蔓延。

(3) 加工製造：

A、乾燥法——將蔬菜利用日光晒乾，或用人工加熱烘乾，如烘青豆。

B、鹽漬法——將鹽加入蔬菜，使鹽分滲入，可以防腐，如醃白菜。

C.醬漬法—用醬或醬油浸漬蔬菜，味頗鮮美，如醬黃瓜。

D.醋漬法—將蔬菜用鹽醃後，再浸入陳醋中，並加白糖少許，如醋大蒜。

E.糟漬法—用酒糟浸漬蔬菜，如糟陪筍。

F.糖漬法—用糖液浸漬蔬菜，如糖冬瓜。

(四)菜種推廣：

(1)甘藍—七至十一月，隨時可以播種，每畝約需種子二兩。溫地育苗，宜用高畦，寬四尺，長隨意，仔細耕耙，每方丈加腐熟堆肥三十斤，人糞尿十斤，表面加細土，除

32

4-4

播間距二三寸，撒播不可过密，覆土鎮压，蓋草以防乾燥，發芽後間苗，株距一寸，播種後一月假植，株距二寸，定植畦宽二三尺，株距二尺，施基肥，勿傷根，追肥用人糞尿，中耕除草二次，秋播十一、二月收獲，冬播翌年三、四月可收，每畝產量三四千斤。

(2)花椰菜——七至十一月播種，肥沃而有適度溼潤之粘质壤土或砂质壤土最宜，土质过鬆，則難開花。

育苗畦寬四尺，長隨意，耕耙宜細，先施基肥，表面加細土，條播間距二三寸，覆土鎮压，蓋草，三日至十日發芽，一月後苗長本葉二、三枚时先假植，再移栽，行株距各二尺，每畝可種一五。

。株。基肥多用堆肥，廄肥，油餅，草木灰，栽植後三十日及六十日，分次施用稀釋之人糞尿；中耕除草則於栽植後二十日及五十日行之；七八月播種者年内可收，十或十一月播種者，翌年三四月收穫。

(3)洋葱—九至十月撒播於輕鬆肥沃之苗床上，覆以細土，輕施澆水；苗長約三四寸尺，移栽於輕鬆土中，行距一尺，株間四寸。以後施肥三四次，栽後約百日可以收獲。在收獲之前一週，將嫩莖壓折，可以促進葱頭成熟。收獲後如欲貯藏，可統繫球莖成束，懸掛於空氣流通處，經久不壞。

(4)德豐豌豆—九至十月直播，行間二尺，株間約一尺，點播

华西实验区农业组张石城编农业研辅教材《农业辅导手册》合订本 9-1-29（65）

4-5 33

每穴三四粒，覆土二三寸。本種蔓長達三四尺，明（翌年）二三月间成熟，去莢，味鮮，粒大，下種时要多施堆肥及草木灰。

(5)雪裏蕻—九至十月播種在輕鬆肥沃之苗床，蓋覆細土，遇天氣亢陽，要隨时澆水；稚葉抽出四五片，移栽於輕鬆壤土中（稍帶黏性土亦可）；行間二尺五寸，株間一尺五寸；以後施肥多次，至十二月或明年一月，即可收獲。乾製醃菜，味鮮可口。在生長期中，須注意蚜虫為害，可用煙筋水防治之。

(6)瓢兒白菜—九十月或一二月撒播於輕鬆肥沃之苗床上，稚葉長出四五片時，移栽於砂壤或稍帶黏性壤土；行間二尺，株間一尺；以後施肥二三次，四十日至五十日後即可採食。蓊黃均佳。在苗床及本土遇菜蚤及猿葉虫為害，可噴砒酸鉛防治。

(7) 種榨菜—秋分至寒露（九十月间），撒播於輕鬆肥沃之苗床，覆以細土，遇乾燥，常澆水，俟葉長成四五寸後，移栽於沃砂壤土，或稍黏壤土中；行間二尺半，株間一尺半；施肥除草十三四次，三個月後即可採收；醃泡煮食均佳。在生長期中，若現葉萎捲縮，即是蚜虫為害，可以菸草水噴殺之；間有毒素病為害時，宜將植株拔出毀滅。

(8) 蕃茄—春季二至五月播種，每畝約需種子五錢至一兩；育苗先將泥土充分耕鋤耙細，畦寬三尺，長一丈，每

5

璧山四寶閣文具印刷紙號印製

34

畝需三幅。各施人糞尿半担，草木灰二三升，充分混合，上蓋細土；開淺溝，間隔四寸，播種覆土，鎮壓蓋草，早晚澆水，六至十二日發芽；苗長一寸时間拔，長叶五六片时定植；畦寬二尺五寸，株距一尺五寸，掘穴栽種，略施糞水，每畝可种一千六百株。

基肥每畝約需堆肥八百斤，人糞尿六百斤，骨粉十斤，草木灰二十五斤；追肥於栽植後二十日及五十日，各施人糞尿三四百斤，加水一倍。

移植後常除草，注意澆水，立支架，摘蘖芽；一百天即可收獲，每畝產二三千斤

小型水利

農業研輔教材之十五

編者：張石城

農業組

36

5-1

10 小型水利

本區各鄉之農業生產合作社，如因水旱威脅，缺乏水源灌溉，影响作物收成，均可申請貸款興修小型水利工程。

(一)工程種類——以工程簡易而收益宏大之小型水利為限。

(1)挖塘、築堰或修整舊有塘堰。

(2)疏通水道、

(二)申請辦法——各區編繪工程說明書及簡要工程圖，由輔導員及區主任分別調查審核，再經縣府審查，如有興修必要，派員實地勘查，再作最後決定。

(1)編擬工程說明書內容包括下列各項：

(a)工程名稱、地點、地勢、

B. 當地水源及變動情形。

C. 勞力工程估計所需各項工人及工資。

D. 勞力工程估計所需各項材料名稱及數量。

E. 工程完成後可能受益田畝。

F. 受益田主之社員或非社員人數。

G. 可能自籌之工料數與籌措方法。

(2) 繪製簡要工程圖。

(三) 勘查事項——經審決定後由水利工程處派員實地勘查：

(1) 地質勘查：

A. 土質——土質及土層深度。

华西实验区农业组张石城编农业研辅教材《农业辅导手册》合订本 9-1-29（71）

37

5-2

B. 石質—石質及岩層厚度.

(二) 地形勘查：

A. 擬修工程位置.

B. 受水区情况—受水面積、逕流係數及土壤侵蝕情形.

C. 可灌溉之旱地與水田面積.

(三) 工資調查

A. 工資—石工及土工.

B. 雇工難易或自籌工夫.

C. 材料估計—石料、木料、粘土、石灰、水泥及砂之名稱、數量、單價及運距.

D. 工程完成後土地增產估計.

8. 受益人社員與非社員比例調查一

四、貸款修築：

(1) 小型水利每一單位工程貸款總額以二千元為限，合作社員自籌一半，可以勞力材料代替。

(2) 貸款期限依工程大小定為一年至四年，利率為月息八厘。

(3) 合作社員領得貸款後七日內即須開工修築，總處派工程人員會同駐鄉輔導員指導監督。

(4) 工程完後詳報總處派員會同驗收。

(五) 挖塘築堰：

(1) 適勝田需要七塘水灌溉，普通塘面積多為一至二畝，每塘最大容有六七畝，水深多為一至二公尺。

(2) 畝等於六七平方公尺，如果水深一公尺，能灌溉七至二十畝面積的田地；有些地方可溝斜築堰，蓄水以便灌溉。

38

-3

(六)每人每天平均挖土二、三立方公尺，每天工資需米七市升，如果挖塘面積一畝，深一公尺，約需五三四〇工，工資需米三七．四〇市石，按照目前市價估計約值三〇〇銀元。

(七)挖塘深度要看地下岩層的深淺，如果要開石或在塘邊堆砌石壁，則需加大石工計算，開石工每立方公尺約需八個工，每工工資約需食米十三市升。

(八)修整舊塘，補塞漏洞，或再挖深，均需實地勘查，再作決定。

(九)挖塘尚需根據受水面積及流失情形，如能使天然降水收聚一塘，則其所蓄水量，即可供給全受水面積的田畝灌溉之用。

(十)修築堤開渠、

(十一)本區河道之流量，平均每秒為〇．一至三立方公尺，每分鐘之流量則為六至三立方公尺。

灌

(3)根据流量及河道宽度和水深可以算出灌溉的面积，水浅则筑拦河堰可提高水位及水量。

(4)靠近河道的田亩可以用水车取水灌溉，远处则需开渠引水，如有旧渠，再挖深或扩长，以便增加灌溉的田亩面积。

(5)普通枯水时期为十一二月至翌年三四月，水利工程均在此时开工修建，每年四五月栽秧时期则为农民需水最急的季节。

(6)高地灌溉需要抽水机，现因无此种器械供应，所以主要的小型水利工程就是挖塘筑堰和引水開渠。

璧山四寶閣文具印刷紙簿印製

40

農業氣象月曆

—附度量衡折合表—

農業研輔教材之十六

編者：張石城

华西实验区农业组张石城编农业研辅教材《农业辅导手册》合订本　9-1-29（79）

41

6-1

1. 農業氣象月曆

(一)一月份——小寒，大寒。

本月序屬隆冬，山茶正開，腊梅盛花，菜花欲放，氣温最低，寒威正盛，雨水稀少，雲多霧重，日照甚短，以北風及東北風為主。

農業工作，决定本年工作計劃。果樹正待修剪，果園清理中耕，常綠果樹注意防寒，落葉果樹可用石灰硫黃合劑，塗刷枝幹，防治虫害。

本月採收之蔬菜有菠菜、甑兒白菜、芹菜、韮、葱、花椰菜等。

本月開放之花卉有臘梅、天竹、水仙等。

(二)二月份——立春，雨水。

氣溫日昇，寒威漸減，楊柳茁芽，櫻桃始花，蜂出蝶見，春光微露，雨量微加，霜期告終，風向仍同上月。

麥田中耕施肥，油菜即將開花。

果樹栽植，繼續修剪，桔木扦插，果園施肥。

蔬菜溫床播種，如蕃茄、辣椒、茄子之母株，栽植如甘藍、蘿蔔、莙、黃芽菜之採收者同前月。

本月開花者有春梅及溫室栽培之迎春、牡丹。

(三)三月份——驚蟄，春分。

璧山四寶閣文具印刷紙號印製

42

6-2

桃花始放、楊柳摇青，蛙鼓初動，杜鵑哀鳴；春色絢爛，物候日新；風向仍多偏北，寒暖氣流爭逐，常有乍暖乍寒現象。

小麥大麥抽穗，蚕豆豌豆開花，冬水稻田耕耙浸種，油桐紅苕播種育苗，馬鈴薯亦可栽種。

、果樹砧木播種，压條，枝接；桃李開花，噴药防虫。

菜園灌溉施肥，採收蔬菜有雪裏蕻、豌豆尖及萵苣。

林木花卉接木、扦插、移栽，盆花換土；雛菊、迎春、玉蘭、櫻桃、紫荊及杏花開放。

（四）四月份—清明，穀雨。

各地多呈暮春景象，櫻桃熟，麦穗青，秧苗出水，綠柳成蔭，榴花初放，菜子結实。各地風雲時起，天氣乍陰乍晴，雷雨偶見，蒸發加強，偶有酷熱，儼似初夏。

小麦開花，秧田播種，菜子結实，玉米、高粱、大豆均可播种，紅苕苗圃除草，蚕豆豌豆收穫，菸草移植。

常綠果樹栽植、接木，撒布葯劑，人工授粉。

西瓜播种，草莓摘果，韮菜刈取，蘿蔔摘苗。直播豇

43

6-3

豆、扁豆、蘿蔔、菠菜、萵蒿、莧菜、胡瓜、南瓜等蔬菜，育苗者有茄子、蕃茄、辣椒，採收之蔬菜有蘿蔔、萵苣、茼蒿、芹菜、葱、韮、蒜苗。

春播草花播种有龍鬚牡丹、金盏花、凤仙花、雁来紅、美女櫻、鷄冠花、猩猩草、~~菖蒲、美人蕉~~一串紅、紫茉莉等，球根花卉移植有葱蘭、晚香玉、唐菖蒲、美人蕉等；睡蓮荷花移植，溫室盆花移出。

本月開花者有桂竹香、福祿攷、芍藥、牡丹、杜鵑、山茶、桃、李、丁香、月季等。

（五）五月份——立夏，小滿。

月初尚属暮春，陆续进入初夏；红榴蔷薇盛花，桃李杏梅初熟；枇杷上市，麦黄秧绿，割麦插禾，遍地农忙。东南风最多，日照、蒸发量继续增加，相对湿度之小，则为全年之冠

小麦成熟，水稻移栽；青桐苗圃中耕除草，秧田中耕施肥，玉米黄豆播种，桃梨疏果套袋；梅及樱桃采收，番茄整枝摘果，洋葱中耕，葱白软化；甘蓝生菜定植，辣椒胡瓜采收。

翠菊万寿菊播种，山茶黄杨扦插，月季修剪，菊花摘心。本月开花者有金鱼草，矢车菊，虞美人，花

华西实验区农业组张石城编农业研辅教材《农业辅导手册》合订本 9-1-29（85）

44

6-4

菱草，百合，大麗花，石榴，夾竹桃等。

（六）六月份——芒種，夏至。

入夏已久，螢火初見。玉米新熟，梧桐始花；葡萄结实蟬鳴高枝，夏景十足，東南風為主；黄梅時節，例入雨季。

稻田中耕薅秧除草；麦种晒乾進倉；紅苕移苗定植，桐苗除草施肥，剪草摘心去蘖。

果園疏果噴藥，除草施肥；梅，杏，枇杷，楊梅均可採收。馬鈴薯成熟，十字花科蔬菜採种。冬瓜，豇豆播种；洋葱，蘿蔔，番茄，茄子採收。

胡蝶梅，福禄考採种，菊花插木。本月開花者有石竹

鷄冠、鳳仙、牽牛、紫茉莉、月見草、美人蕉、梔子花、荷蓮等

(七)七月份—小暑、大暑。

炎風暑雨，盛夏雷令；水稻揚花，大豆成熟。棗肥蘭香，綠蔭遍野。氣溫最高，全年之冠。夏令風強，南風為害，各地雲量減，日照增。蒸發旺盛，雷電頻繁。

水稻抽穗開花，早生玉米成熟，馬鈴薯栽种，蕎麥開始採收。桃李上市，菊摘心，果樹木芽接，西瓜成熟。洋薏紅豆、南瓜、番瓜採收。金魚草、蜀葵、蛇目菊、晚香玉等開花。

(八)八月份—立秋、處暑。

溽暑未消，猶似盛夏。紫荊盛開，蟪蟀始鳴。稻谷

45

6-5

登場，紅擂白梨上市，物候適要，秋色微露，各地雨水豐沛，夏季風趨弱，風向偏北，雲量減少，蒸發旺盛，日照增長，此與稻作末期需要日晒之條件相合，裨益農事不小。

水稻收穫，紅苕中耕除草，翻蔓，果樹芽接，柑桔疏果，桃、梨、蘋菊苹果採收，菾菜，茼蒿播种，白菜，甘藍，雪裡紅，瓢兒白青苗，菱、藕，蒜苗，韭菜，茄子，辣椒等採收，溫室栽培之花卉播种，鳥蘿，翠菊，月季，茉莉等開花。

(九)九月份—白露，秋分。

各地先後入秋，蟲子絕跡，蟋蟀鳴牆，蘆花翻白，桂子飄香，金風送爽，暑氣漸消。各地氣溫下降，雨量減少，

秋雨綿綿，夜雨特多，冬季風較顯著，東北風與北風較多，

麥田整地準備播种；紅苕繼續翻蔓除草。甘蔗、洋葱播种，菜豆、豇豆、茄子、辣椒採收。秋播草花播种，菊花摘蕾；一串紅、萬壽菊等開花。

（十）十月份——寒露、霜降。

各地正行秋令，蟬声已絕，桐葉始落，菊花初放，雁陣南归，平均溫度降低，雨量大減；風向大体偏北，東北風較多；

小麦大麦播种，苹果柿子採收；芹菜軟化栽培，蚕豆豌豆点播；芸苔、萵苣定植，蕃薯、馬鈴薯等採收。青豌豆、虞美人下种，芍藥、牡丹移植，菊花整枝，桂花盛開。

华西实验区农业组张石城编农业研辅教材《农业辅导手册》合订本　9-1-29（89）

46

6-6

（十一）十一月｜立冬，小雪。

橙桔熟，枫叶红，蚊蝇絶跡，豆麦下种。各地温度剧降，天氣漸寒，雨量大減，微露乾旱，冬季風當令，風向皆偏北，雲霧加增，日照減少，氣压增高，相对湿度最大。

小麦胡豆播种，红苕採收窖藏。落叶果樹移栽，果園深耕施肥。韭菜軟化栽培，洋葱甘蓝定植，白菜菠菜採收，百合水仙栽植，菊花芙蓉盛開。

（十二）十二月｜大雪，冬至。

腊梅初放，水仙含苞，秋菊萎謝，江水枯落。温度继续下降，先後進入隆冬，冷冽日增，寒威普罩。降水稀少，

氣压最高，蒸發甚强，雲量多，日照少，東北風居主，氣
日之多，為全年之冠。
小麦中耕除草，柑桔大部採收，落葉果樹栽植，甘蔗
白菜、韮黃花果採收，盆花移置室內，水仙臘梅開花。
7. 陽曆每月的節期，年年都在固定的兩三天，不必去
查日曆，只要記得節期的名字和下面的四句話，就可
以知道，差誤很少：

上半年初六、廿一，　下半年初八、廿三，
最多只差一兩天，　陽曆節期最好算。

璧山四寶閣文具印刷紙號印製

47

6-7

2. 度量衡折合表

㈠長度：

(1) 一公里（一〇〇〇公尺）＝二市里，〇・六二一英里。

(2) 一市里（一五〇〇市尺）＝〇・五公里，〇・三一一英里。

(3) 一英里（五二八〇英尺）＝一・六六九公里，三・二一九市里。

(4) 一公尺（一〇公寸，一〇〇公分）＝三市尺，三・二八一英尺

(5) 一市尺（一〇市寸，一〇〇市分）＝〇・三三公尺，一・〇九四英尺

(6) 一英尺（一二英寸，〇・三三三碼）＝〇・三〇五公尺，〇・九一四市尺，

(7) 一公分＝〇・三市寸，〇・三九四英寸，

(8) 一市寸＝三・三三公分，一・三一二英寸，

(9)一英寸—二·五四公分，〇·七六二市寸。

(10)一英碼—〇·九一四公尺，二·七四八市尺。

(二)地積：

(1)一公畝(一〇〇平方公尺)—〇·一五市畝，一·一二五英畝。

(2)一市畝(六〇〇平方市尺)—六·六六七公畝，一·一六四英畝。

(3)一英畝(四三五六〇平方英尺)—四〇·四六八公畝，六·〇七市畝。

(三)面積：

(1)一平方公里(一〇〇〇〇公畝)—四平方市里，〇·三八六平方英里。

(2)一平方市里(三七六市畝)—〇·二五平方公里，〇·〇九七平方英里。

(3)一平方英里(六四〇英畝)—二·五九平方公里，一〇·三六平方市里。

华西实验区农业组张石城编农业研辅教材《农业辅导手册》合订本 9-1-29（93）

48

8

(四)体積：

(1)一立方公尺＝二七立方市尺，三五・三一七立方英尺。

(2)一立方市尺＝〇・〇三七立方公尺，一・三〇八立方英尺。

(3)一立方英尺＝〇・〇二八立方公尺，一・七六五立方市尺。

(4)一立方英寸＝一六・三八九立方公分，一・四四二立方市寸。

(五)容量：

(1)一公升(一〇〇〇立方公分)＝一市升，〇・二二加侖。

(2)一市升(〇・一市斗，〇・〇一市石)＝一公升，〇・〇二七五英斗。

(3)一加侖(〇・一二五英斗)＝四・五四六公升，四・五四六市升。

(六)重量：

(1)一公噸(一〇〇〇公斤)—二〇市担，〇.九八四英噸。

(2)一英噸(二二四〇磅)—一.〇一六公噸，二〇.三二市担。

(3)一市担(一〇〇市斤)—五〇公斤，一一〇.二二九磅

(4)一公斤(一〇〇〇公分)—二市斤，二.二〇四磅。

(5)一市斤(一六市两)—〇.五公斤，一.一〇二磅。

(6)一英磅(一六英两)—〇.四五四公斤，〇.九〇七市斤

(7)一公分—〇.〇三二市两，〇.〇三五英两。

(8)一市两—三一.二五公分，一.一〇二英两。

(9)一英两—二八.三五公分，〇.九〇七市两。

—完—

璧山四寶閣文具印刷紙號印製

华西实验区农业组张石城编农业研辅教材《农业辅导手册》合订本　9-1-29（95）

49

農業輔導手册

農業研輔教材合訂本（一—十六）

編行者：中華平民教育促進会 華西实驗區農業組

編輯者：張石城

印刷者：民间出版社

出版年月：民國三十八年十一月

璧山四寶閣文具印刷紙號印製

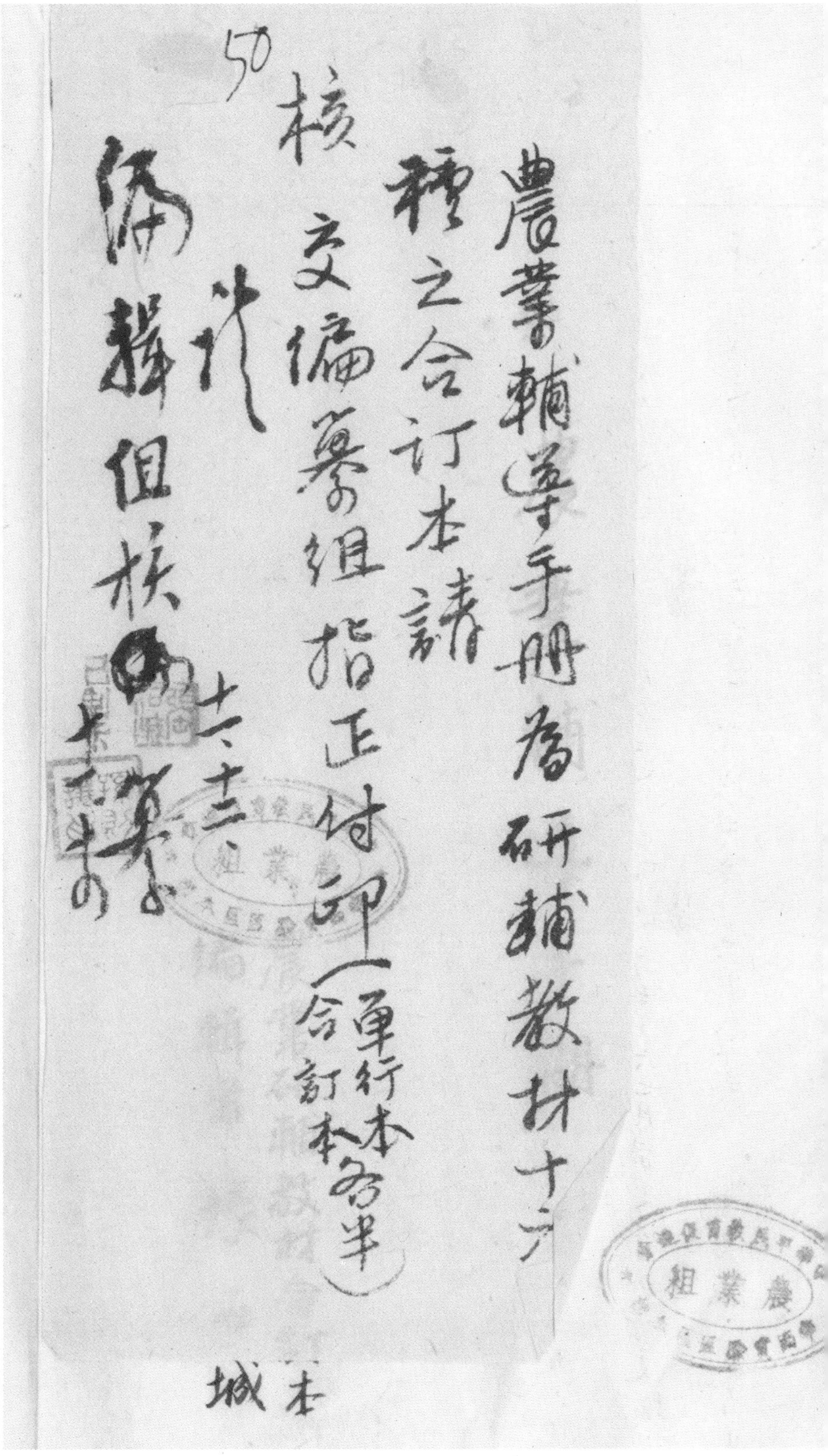

华西实验区农业组张石城编农业研辅教材《农业辅导手册》合订本　9-1-29（96）

吴乾纪编的农业研辅教材《柑橘园中的主要害虫》 9-1-29（271）

149

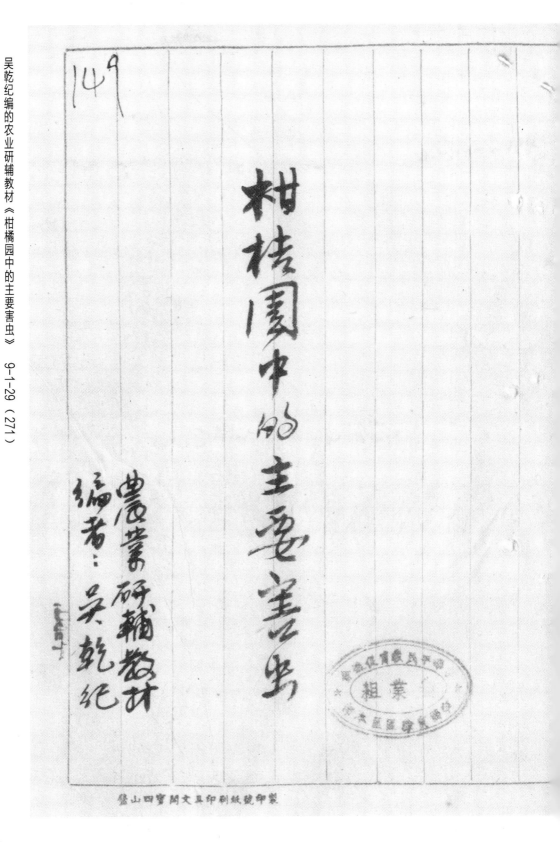

柑桔園中的主要害虫

農業研輔教材

編者：吳乾紀

鑒山四寶閣文具印刷紙號印製

吴乾纪编的农业研辅教材《柑橘园中的主要害虫》 9-1-29（272）

150

柑桔園中的主要害虫

（一）柑橘果實蠅（俗稱蛆柑）

形態：成蟲體長四分，展翅七分，綠褐色或黃褐色，胸背有A字形之黑斑，翅透明，其前緣呈淡黑色，平時停呈淡灰色，唯有一部……成蟲性較靜，飛翔不遠。卵為長橢圓形，幼虫長成時長約五分，黃白色，圓錐形，尾端闊。蛹為橢圓形，長三四分，黃褐色。

生活史：一年發生一次，以蛹居於土內越冬，成虫於五六月間陸續羽化出土，經交配後即產卵於果肉內，十幾二十天之後卵即孵化成幼虫（蛆）蛀害果肉，受害的果實於田間之果熟到十月十一月天氣果實脫落。

防治法：（一）於新式藥劑貴而不易得，吾國內地可利用成虫日中喜靜止於柑橘樹葉背面各的特點，用膠或捕蝇紙捕獲之，同時全耕宜深宜勤，將埋於地下之蛹翻出，或以捕殺之，或供家禽啄食之。採集受害之果，集中銷毀減之，並須絕對禁止受害的果實出售，從今以免傳播蔓延。

（二）如第一年的（四）（五）油劑易得時，可於五月至八月間……

吴乾纪编的农业研辅教材《柑橘园中的主要害虫》 9-1-29（273）

三年或可斷種。

(二)柑橘天牛

柑橘星天牛蛀害樹根，因此亦叫柑橘根天牛，衢間俗話叫是虫矣蛀害情形甚原，害柑橘的根部常因受他的幼虫蛀食停止生長而枯死。

1.星天牛的為害時期有

(一)成虫咬破樹枝皮層

(二)幼虫未鑽入木質部之前蛀害樹幹皮層，柑農稱之為皮蛀或叫盤根虫。

(三)老木虫即長大的幼虫自皮層鑽入木質部由下往食根部

2.形態—星天牛体長約有七分到一寸二分不等，深黑色，翅上有白色斑點，雄虫身比雌虫短小，但是觸角則比雌虫為長，他的頭部長圓柱形，長短約不到二分，南惑斷成白色斑，後半長嘴(卵)的時候頭部是黃褐色，幼虫初孵化的時候不到一分半長，到成虫時期可達一寸四五分，但頭部伸縮出來黑色……小尖頭和成年相等，伸縮起初為白色，後來逐漸變為黑褐色

吴乾纪编的农业研辅教材《柑橘园中的主要害虫》 9-1-29（274）

五 生活史——星天牛一年發生一次成虫要出在每年五月至八月下旬從隱匿在樹根木質部內的蛹羽化出現成虫的壽命約長一個月經交配之後雌虫即開始咬破樹皮層部大約是在六月到八月半的期限內（芒種至秋分後數天）此即約卅天至半月之後卵即孵化為幼虫起初蛀食根部皮層後來鑽入木質部蛀食根部木質成熟之後化成蛹到第二年芒種秋分期內羽化成成虫。

六 寄主——除了各種柑桔樹之外尚有蘋果柳樹桑樹松樹白楊白蠟苦楝等

151

柑桔褐天牛

又稱為樹天牛他的為害情形和星天牛相彷彿所不同的即其老母虫蛀食樹幹的木質部

一 形態——成虫為黑褐色雌虫比雄虫大雌虫約七八分至一寸許褐天牛的卵形像芝麻大小先是乳白色漸漸變灰褐色他的幼虫初孵化的時候很小到成熟的時候可達一寸多身乳白色頭部棕色他的蛹和星天牛略有出入初化成的時候為乳白色後來逐漸變為深棕色。

二 生活史——成虫六七月出現約有二十餘天至三十天的壽命經

過交配後產卵約三[illegible]
皮層，和天星天牛之幼虫為害的情形略同，但他的幼虫期比較長，約有二十一至二十二個月，蛹期約二十一至三十三天，整個過程約須二年的時間。

3、寄主——各種柑桔

枝天牛 即樸樣綠色天牛，每年生育一代，雌虫咬破樹枝皮層產卵於傷口內，幼虫蛀食枝條木質部為害，比較星天牛輕，每年五六月間出現為害

1、形態——枝天牛的成虫，長約一寸左右，身全綠色，觸角和足有紫到黑色，不怕陽光，好飛動，雄虫觸角比身体長，雌虫的觸角比身体略短，卵乳白色，漸變黃褐色，幼虫淡乳黃色，長約一寸左右，蛹褐色

2、生活史——成虫五六月出現，或飛翔或息於兩枝和樹葉上，經交配產卵於枝條頂端，卵孵化成幼虫，蛀食枝條木質部，成熟化成蛹，至翌年五六月間羽化成成虫

3、寄主——各種柑桔樹

柑桔苗天牛 為團枝樣天牛的一種，幼虫蛀食樹苗頂枝及蛀食樹苗

152

穿卵木質，一年[illegible]有一至二次[illegible]，成[illegible]

4. 形態——成虫大多數為棕褐色，身細而扁，約半寸長，一分多寬，觸角細，而比身體稍長。幼虫乳黃色，約半寸長，蛹淡黃色，約半寸長。

5. 生活史——成虫在四五月間，和十一月間出現。經交配，產卵於苗木枝條頂端，卵孵化成幼虫，鑽入木質部，下蛀至樹幹而化成蛹。成熟後羽化成成虫。

3. 寄主——各種柑桔樹、桑樹、樟樹等。

柑桔天牛之防治方法

1. 樹幹剔白：星天牛和褐天牛的防治，最好採預防辦法，即將樹幹剔白，用生石灰化水內摻進少量硫磺粉，或硫磺石灰液合成漿液，用棕刷或樹幹[illegible]部，在五月底至[illegible]前後數天起，至七月底止，請夫時剔白三四次，這種剔白法有驅逐成虫作用，并且当成虫附在樹幹咬破皮產卵的時候，管理員巡看的時候容易看見，捕殺之。

2. 藥劑毒殺：當幼虫已經蛀入木質部，可用揮發性之毒藥由傷口滴入蛀孔內毒殺老木虫，可用的毒藥有二硫化炭Carbon Disulphide、Paradichlorobenzene、Chloroform、Carbolic acid等。

吴乾纪编的农业研辅教材《柑橘园中的主要害虫》 9-1-29（276）

柑農常請看虫匠人，用鑿將幼虫連皮鑿去。

4、鉤殺老木虫。於春季或秋季，柑農即請看虫匠，用小鑿於老木虫蛀孔處鑿一小孔，然後用有鉤的細鋼絲向上或向下伸住圓中，至鋼刺老木虫時，即將鋼絲扭轉，將虫拉出殺死。

5、枝天牛和柑桔茵天牛的防治，刷白，对於這兩種天牛的收效較少，於修剪的時候，將受害的樹枝剪下，燒毀，或他們的幼虫蛹，其收效比較大。

(三)柑橘銹蜘蛛（或称柑橘銹壁虱，又称柑桔红蜘蛛，俗称麻柑嫩柑皮子）

這害虫是一種極小的蜘蛛，他的形狀和虱相像，故人名蜘蛛，[為害柑桔]樹嫩枝葉，特別是果實之皮，受害之後，呈深褐色，但像鐵銹，故称之銹蜘蛛，在四川這虫的為害情形，甚為猖獗，嚴重近得非常快，害最嚴重的時候，全園一片極像黑果，柑桔果每年損失非常重。

形態：成虫為極小蜘蛛，形狀頭尖，胸寬，尾大，自胸至尾計二十一節。色赤，故亦称之柑桔红蜘蛛，足有附着器，口器吮吸式，卵圓形。

生活史：冬寒時產卵過冬，翌春孵化為害，每年發生數拾代之多，身体微小，每逢大雨甘霖或長雨，成虫死亡甚多，受害即因之而減輕。

吴乾纪编的农业研辅教材《柑橘园中的主要害虫》 9-1-29（278）

1573

[illegible]以數次而數，事實即不是雨後病菌的[illegible]是[illegible]果即被沖刷死亡的原故、天旱病重，是因為成虫繁殖迅速，隨風向而蔓延，為害猖獗的原故。

【防治法】噴射硫磺石灰合劑、為有效的防治法，但是因為僅能殺死成虫，所以需要噴射多次。春夏秋三季，不能中斷，採果之後噴射煤油石灰硫磺乳劑，一至二次，擇晴天行之。園中之麻柑即可以滅跡，此藥有毒殺成虫及卵之功效。

【注意】於果實未下之前不宜用煤油的滲透力極強容易傷害果實

（四）【柑橘蚜虫】（俗稱大蚜）

蚜虫的種类很多，受害的農作物及樹木極多，寄生於柑橘上的，有黑色柑桔芽虫、赤褐色柑桔芽虫、和青色柑桔芽虫三種。芽虫的分佈極廣、為害猖獗。成虫及幼虫吸食柑桔葉、嫩枝、皮層、果皮層內之汁液。在春夏秋季新芽嫩枝受害嚴重的時候，嫩葉萎縮，不久枯落，影响樹的生長極大，受害輕的，因還留有分泌物，引起煤病，亦防礙樹的生長。

【形態】成虫有兩種：（一）無翅成虫：無翅胎生的雌虫，全体或漆黑、或紫、透明，卵椭圆形，有毛尖状，如珍珠。雄虫亦分為有翅和無翅兩種。

生活史 柑桔蚜虫的發生，常隨季節氣候的不同而差異，一年有發生數代，至廿餘代之多。於十一月间發生有翅雌雄虫，產卵越冬，早春卵即孵化，成無翅成虫，這成虫又胎生幼虫，每隔經七日至十日，生育一代，直至受害部份枯死，環境已不適宜生活的時候，遂即發生有翅成虫，飛至其他適当寄主上為害。芽虫幼虫性喜羣居，常聚生在一處，疊疊成堆，蠕動不已，幼虫的經常發育過程，須經四齡，每齡計時約一至十日，通常為二三日，成虫之寿命各代不同，同代中亦有出入，最長的可達四十九日，短者約五六日，每一雌虫，最少可胎生五六頭。幼虫多的，可達九十餘头。芽虫的繁殖力極強。

防治法 (一)冬季剪枝的時候，剪去受害之枝，除去越冬的卵(二)用除虫菊或若華石油乳剂噴射，以殺成虫及幼虫(三)繁殖天敵，例如飘虫及食蚜蠅等，以消滅之。

[illegible] 侵害柑橘[illegible]果樹的介殼虫的種类甚多，已知道的約有數[illegible]種，[illegible]最普遍的而為害最猖獗的數種於後，以供

吴乾纪编的农业研辅教材《柑橘园中的主要害虫》 9-1-29（280）

(1)紅臘介殼虫 這虫專為害柑橘類植物

形態！雌成虫之臘殼，初為深玫瑰紅色，越時漸變淡紅，至老熟的時候，身体的中央隆起成半球形，周緣的臘質白帶，向上捲起。雄虫身体為淡紅色，翅透明，頭圓，單眼黑色，卵橢圓形，淡褐色甚。(1)幼虫初孵化的時候扁橢圓形，前端略闊，為淡褐色，達二齡的時候，体的背部有白色半透明臘質分泌物。

生活史 此虫一年發生一代，以受胎雌虫越冬，至翌年六月中旬開始產卵，六月下旬，其卵即孵化，雌雄幼虫均於七月上旬脫第一次皮，雌虫於八月上旬脫第二次皮，九月上旬脫第三次皮，雄[illegible][illegible]第二次脫皮在八月下旬，並隨即化蛹，九月上旬即可羽化。雌雄幼虫的第一齡期，為二十天，雌幼虫的第二齡期約為一二天，第三齡二十七天，十月上旬成虫完全成熟，經交尾以後，虫即行產卵，於体下面，成虫約產卵二百至九百粒，卵約經二十餘日即開始孵化。

(2)黑点介殼虫，亦為專危害柑橘类果樹。

形態 此虫之雌虫形長而扁平，色黑不透明，第一次脫皮漆黑，第二次所脫的甚狹而為白色或棕色，雄虫幼虫所脫的皮均為黑色，成熟的時候為白色或褐色，卵橢圓形，淡紫色。

生活史 此虫一年發一、二代，以卵越冬在雌虫的身体下面，翌年春孵

（3）

[illegible]上亦有。江津區內之廣柑上，常見之黑白點，即係這虫所脫的殼

吹綿介殼虫或称綿褥殼虫，此虫之分佈最廣，他的寄主的種類

亦多，包括果樹、蔬菜、花卉植物約有百餘種，這虫原產於澳洲維

多利亞地方，嗣後侵入北美，吾國浙江黄岩十餘年前曾[illegible]其[illegible]

四川江津區內尚罕見之。

形態 雌成虫体橘紅色，楕圓形，腹面扁，背脊隆起[illegible]

称之為龜甲介殼虫，身体有小黑毛，腹部近緣[illegible]

起如山脊之起伏，頭胸腹部边緣及觸角各[illegible]

均有分泌孔，能分泌白色臘質，幼時無卵囊[illegible]

雄成虫体小細長，橘紅色，较雌者顯明，前翅一對[illegible]

善飛翔，後翅退化，足黑色，爪黄白色，卵長楕圓形，光滑，橙黄至

紅色。

卵：圓形，裸露，猶扁，幼虫的身体橘紅色，幼虫孵化後即分泌一

径淡黄色之臘質粉白纖維，被覆他的身体至大亦無至成熟之

後方能辨別雌雄。

蛹：僅有雄虫的幼虫化成蛹，橘紅色，頭近圓形，繞白繭長楕圓

形繭，質疏鬆，不規則，自外可窺其全形

生活史 此虫一年發二三代，以幼虫或成虫越冬，成虫於每年或

吴乾纪编的农业研辅教材《柑橘园中的主要害虫》 9-1-29（282）

155

翌年五月產卵，五月上旬孵化成幼虫，第一代在五月間陸續孵化，六月七月間化成成虫，第二代七八月間孵化，十月化成成虫，即繼在寒冷地帶，即以二代成虫越冬，在溫暖無嚴霜大雪地帶，即發第三代，以幼虫越冬，成虫羽化後一、二日，即交尾，越六至十一日即開始產卵，每隻雌虫普通可產五十至七百個卵，特別大的可產至一千個。

防治法 介殼虫之種類甚多，但他們的生活習性大体相類似，因之其防治方法亦可用同樣方法，茲略述於後，以供參攷

1. 氫氰酸蒸燻法：於採收之後，即用不漏氣之布帳幕將[illegible]之樹全部罩住，然後用氫氰酸燻殺成虫和幼虫，這方法[illegible]麻煩，設備昂貴，在吾國農村經濟蕭條的今日，實在無法採用

2. 松脂乳劑防治法。在春夏兩季期間，虫卵孵化時期，可以用稀薄的松脂乳劑噴射以殺滅其幼虫，冬季用濃液噴射。

3. 焚燒被害枝葉防治法。冬季或早春剪枝的時候，可以將[illegible]害的枝條和葉，集在一處用火焚燒之。

4. 天敵防治法：瓢虫為介殼虫的天敵，黑腹紅瓢虫、火紅瓢虫、均有嚙食介殼虫的習性，柑園中如無此兩種益虫，可以用人工培養繁殖於柑園中，以助捕殺介殼虫。

吴乾纪编的农业研辅教材《甜橙果实蝇防治法》 9-1-29（283）

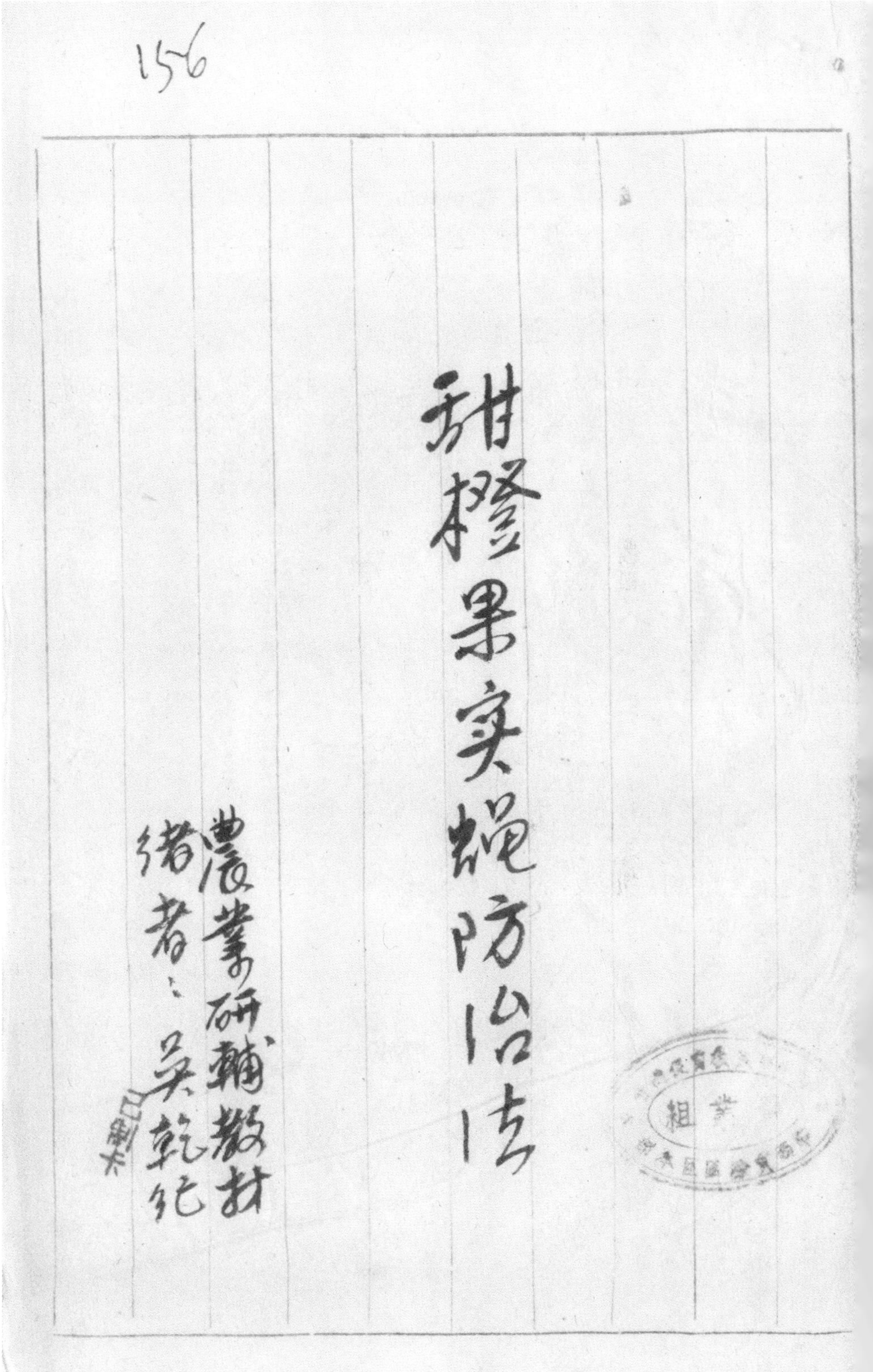

156

甜橙果实蝇防治法

農業研輔教材

編者：吳乾紀

157

中國甜橙果實蠅(Tetradacus tsuneonis Citri chen)防治法

吴乾纪編
三十八年五月

中國甜橙果實蠅之防治，原則上除配合果農組织努力於滅虫工作外，更應防範其傳播蔓延，其原則擬訂如下：

一、組織果農互相監督，禁止販賣蛆柑

二、組織果農互相監督，禁止亂拋蛆柑

三、組織果農互相督促，殺滅果实蠅，其方法及日期如下：

甲、蛆虫之消滅：自秋分至小雪，

乙、蛹期之防治：自小雪至立春。

丙、成虫之防治：自立春至小暑。

丁、天敵防治法：尚待搜集其寄生物。

下列諸種防治方法，係搜集果農經驗編成，甚合本區之環境，可就各地情形分别斟酌使用。

甲、蛆虫之消滅：自秋分至小雪，為受害果實易於識别之時期，摘果而加以處理可以消滅蛆虫，并將各种有效處理蛆柑方法順序簡述如次：

A、窖積發酵滅蛆法：作形似普通貯藏紅苕之窖口小身大，周圍均塗以三合土，口上覆以木板蓋，口之周圍復作一溝環繞(見圖一)溝中滿以[illegible]濃之[illegible]油水(如[illegible]用另柑傾入窖中，每次將蛆柑傾入之後，須將木板蓋緊，至窖充滿時，即將蛆柑壓緊，面上加厚土，使窖中之蛆柑發酵生熱殺死蛆虫（註：此法係高歐賀有章先生所設計而加以改進）

圖（一）窖積發酵滅蛆虫之窖

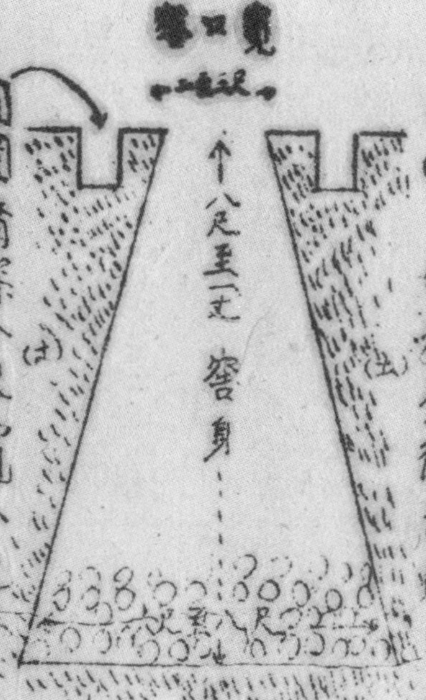

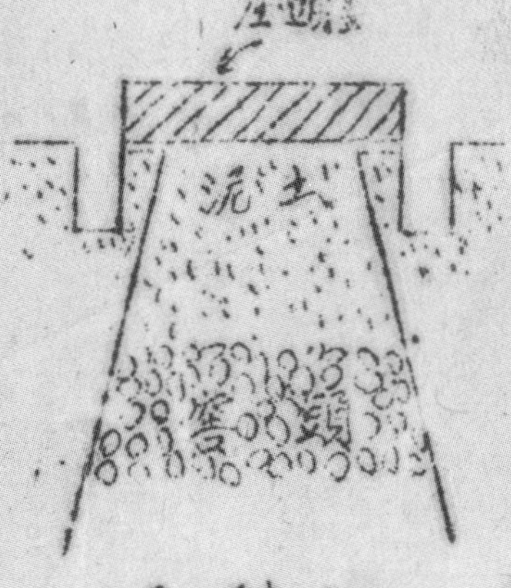

（圖一附一）

乙　火油殺蛆虫法：可利用糞池（或另闢新池，池周圍均宜三合土），池中加水（至池底三分之一或二分之一）水面浮以火油，將蛆柑傾入，並以竹蓆將蛆柑壓下至水底（見圖二）則蛆虫可為水淹沒窒息死亡，偶有浮至水面之蛆虫，亦因火油阻隔而悶於水中窒死，於使用此法時，以池之口徑較小為佳，蓋可省油也，大約池內水之

158

面積為六十五方尺者，須加火油二兩，又市面上之火油為質不佳，用時可先加水數倍作成乳狀液，使其易於分佈於水面。

據貞試場中國農民銀行園藝推廣示範場之經驗，如以百分之二DD丁火油液溶浮於水面尤為可靠（可將蛆虫毒死）竹席亦可不用（參看圖三）

每次將油池中已殺死之蛆柑撈出時，或因熱而火油蒸發，以致火油損失，應於適當時間補加火油或藥液。

（第二圖及第三圖見後）

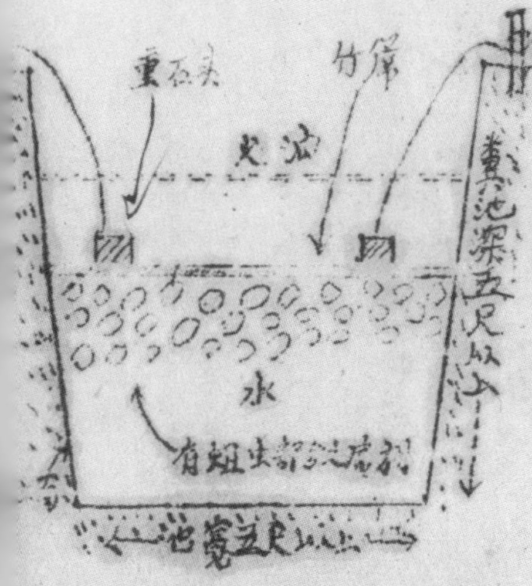

圖(四)火油殺蛆虫方法圖

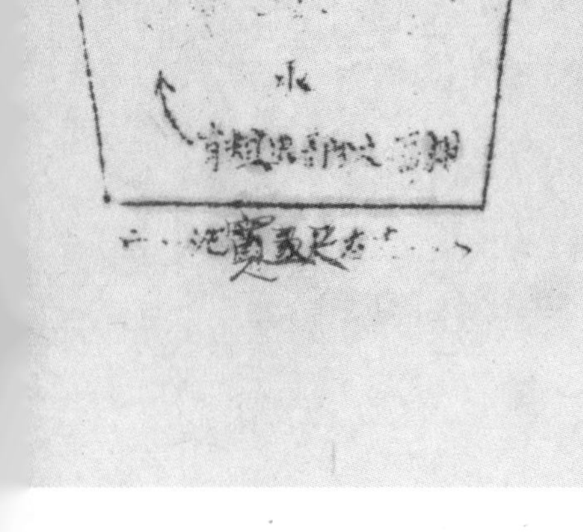

圖(二) DD丁火油溶液殺蛆方法圖

吴乾纪编的农业研辅教材《甜橙果实蝇防治法》 9-1-29（286）

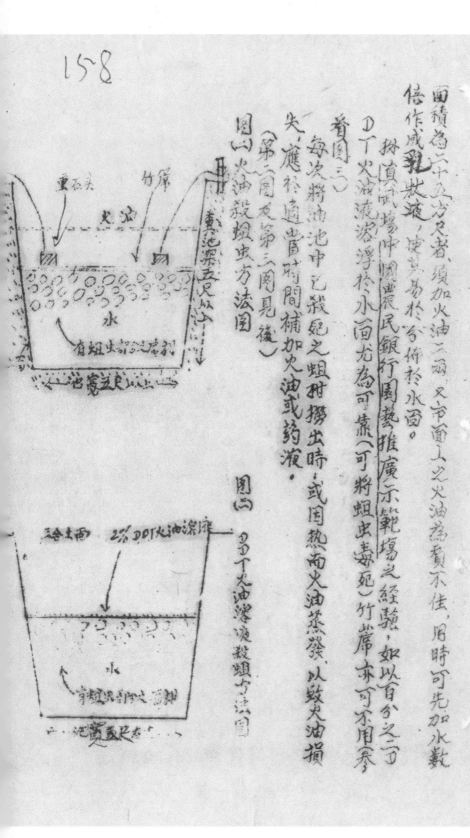

用煮熟之蛆柑為豬之飼料，惟此僅適宜蛆柑數量較少之時，或小型果園，兼營糟房之果園，可利用蒸酒鍋煮殺蛆柑。

4、火燒滅蛆法：於蛆柑數量不多時，或在小型果園中，可利用灶內餘火焚燒蛆柑，以殺果蛆。

5、生石灰水解生熱殺蛆法：可利用生石灰加水生熱殺蛆虫，使用時先將蛆柑切開，將有蛆部份積於已騰空洗淨之糞池中，然後將生石灰加入池中加水少許，使石灰水解生熱燙死蛆虫，此法至為可靠，惟在江津巴陵地帶交通不便，運輸困難之處，生石灰之不易購得，或則甚不經濟，若將蛆柑集中，大量處理，則可較為易舉而經濟，出產生石灰地區可使用此法。

6、深坑埋藏殺蛆法：於果園中，地下水面較低處掘一深坑，將蛆柑傾入，壓緊至距坑口二尺許即覆土，用力鎮壓以窒殺蛆虫，冬至春分前引水入坑中，如有未死之蛆虫，至時必被水淹斃，

7、石灰層積殺蛆虫方法：此法之原理如第五法（生石灰水解生熱殺蛆法）然不另加水，而將蛆柑與石灰層層積於坑或池中，先加生石灰一層，如此間

1529

隔堆積，須層再覆生石灰，堆至最頂層，宜特別小心，勿使蛆虫漏網。

上述諸種方法：第一為窖積發酵，第二為火油DDT溶液法，第三為水煮，第四為火燒，第五為生石灰生熱。諸法之殺蛆均有可靠之效力，就中以第一法最為經濟，並儘量採用。

乙、蛹期之防治：中國甜橙果實蠅之幼虫（蛆），於受害果實落果後即鑽入土中，化為蛹，準備越冬。防治之法，宜於小雪至立春期內，於樹周圍，以鋤头施行深耕，將匿藏土中之蛹，曝露於土面，藉天氣寒冷凍死蛹蟲。

丙、成虫（蠅）之捕殺：

1、鎮压悶死羽化尚未出土之成虫（蠅）：立夏前後，於雨後泥土未乾時，將土压緊或碾緊，使羽化之成虫，不易爬出，悶死於土中。

2、誘殺法：立夏至小暑，為成虫羽化出現最多之時期，用捕蠅紙（用紅糖二分、阿拉伯膠或牛皮膠一分，加水煮融，成膠狀液，塗於油紙上）掛於樹枝上，或將紙縛於竹竿上，在林中黏捕成虫以殺滅之。

3、毒餌法：據美國佛罗理達州（Florida）之地中海蛆相防治报告，用砒酸鉛兩磅，紅糖廿五磅，糖漏水五加侖，水一百加侖為毒餌毒殺成虫甚為有效，該區自一九二九至一九三〇年，使用毒餌防治之後，迄今未重發現。南非洲曾用氟矽酸鈉一英兩，白糖二磅、水四加侖混合作為毒餌橥止即可。

美國德薩斯州(Texas)所發現之墨西哥果實蠅之防治亦曾使用上述毒餌法。

毒餌之使用時期，為自成虫羽化出現至產卵前。按目前所知中國甜橙果實蠅之生活史，毒餌之使用宜在立夏至小暑之間，每隔三四天噴射一次，如於雨後，將晴時，宜重新噴射。

惟此法在目前我國藥械不克自製之際，不能普遍應用，實為憾事。

滅蛆、殺蛹、毒死成虫，為防治中國甜橙果實蠅之環中三種方法，任何方法，如能徹底施行，均可奏效，若相輔並用，更易見功，在我國農村經濟蕭條，人工較廉之今日，摘果滅蛆，整地殺蛹，實行比較容易，惟毒殺成虫之成效比較徹底，是則藥械之普遍供應，當為目前之急務，而自制自給更為當局所應一基本策劃之百年大計也。

註：① 一加侖(Gallon)＝市用制 4.5 市斗
② 一磅(Pound)＝市用制 14.5 市兩
③ 一英兩(ounce)＝市用制 9.07 市錢
④ 一磅＝16 英兩(ounce)

平教会華西實驗區甜橙果實蠅防治隊 馬驥謝第九合擬印

93

園藝

第一章 緒論

一、園藝的解釋：

園字——等於口十土十口十亻、藝字——是指技術藝術而言。

口——是指在一定範圍以內的意義。

土——是土地。

口——是井。

亻——是人。

所以園藝兩字就字面解釋，可以說是在一定的範圍內有土地、水井、有人來耕作的意思。

二、園藝學的範圍、

凡研究園藝作物的科學統稱園藝學，其研究的範圍可如下表、

園藝學——
- 園藝植物繁殖學。
- 果樹園藝學。
- 蔬菜園藝學。
- 花卉園藝學。
- 庭園佈景學。
- [illegible]資材木栽培學。

現在我們所討論的是以家庭為出發點而以家庭園藝為業務，對于以上各種略舉一、二例子來講講。

四、家庭園藝的重要：

都市中人煩擾喧囂，身居嘈噪，常使人煩悶，易于生病，如果常到田園中去工作，常使人感到一種自然的趣味，其重要性有：

A. 養成曠達的胸懷：一望無垠的田野能使人胸襟曠達。

B. 養成自立的精神：家園出品可使有家需要之是家有自立更生的意義。

C. 養成強健的體格：園藝操作是一種適宜的運動，如成一種柔軟體操，自然果色鮮美，使人心曠神怡，極合乎精神衛生，又可以養成強健的身体！

五、經營園藝的方面：

A. 專業栽培：只種園藝作物而不栽培農家作物（如棉、麥、豆等）者稱為專業栽培，例如經營得法，一般收入是抵普通農作三、四倍。

B. 副業栽培：以農作物為主，以園藝作物為副者之謂：

1. 一年勞力分配可以平均到秋收之後種菜。

2. 可以充分利用勞力，如婦女、小孩均可利用。

园艺课程讲义 9-1-38（148）

94

C、家庭栽培：自己而能供給一家之消費。
1.節省家用。
2.新鮮美味，合于衛生，營養較好。
3.充分利用家園空地。

第六章 果樹園藝

五、果樹園藝的重要性：
世界文明日漸進步，水菓的重要很大，水菓的需要也日漸增加，水菓的利用也日漸增加，可以生吃，很是營養，又可經加工製，做成果漿、水果汁露、果膏或乾果（如內江乾[illegible]賣錢），所以果樹事業日漸重要。

六、果園選擇：
A、位置：作物及蔬菜要平坦，1.利于整地、果樹耕鋤，地勢以略向南或東南傾斜：1.排水便利 2.空氣流通。3.霜害少。
B、土質：因果樹种類而異，土質可影响結果：
1.宜于沙質土壤：桃、梅、李、杏、葡萄等。
2.宜于黏質土壤：柑橘、蘋果等。
C、氣候：因果樹种類而異，氣候適宜與否，對于果樹的發育和結果

1.喜生長于熱帶地方：香蕉、荔枝等。

2.喜生長于冷帶地方：如花紅、蘋果等。

四.果樹的繁殖：

植物的繁殖：

有性：种子如花卉、蔬菜等。

無性：植物体之一部：果樹。果樹之人育成新品种才用种子繁殖。（要良成名品本。）

1.扦插：一年生枝條長約五—六寸，至少留二芽。（葡萄、無花果）。

春季插：小滿將插條插于溝中，露出一個芽在地面，再用土堆覆。

下頭部生根長芽。

2.壓條：在樹將直接枝條引入土中，用土埋壓，等到發根之後再和母樹分離。

3.接木法：某种植物作砧木，前者们把想要繁殖的果樹的枝條或芽做接穗，接在砧木上，使兩者癒合為一，稱為接木法。常用有二：

A.芽接：①可以同時進行（?）。（四、六、八月進行）②接後容易。③不活可以再接。

方法：接穗：……选定良好，取當年發育良好的新枝，切取一芽。

95

接合于砧木的皮下，削下來的芽要留去芽旁的葉片，而留着葉柄，使得施行便利，而且接合後的生活更長，容易試驗，削取接芽的深度，只要微帶木質即可。

木：選二年生或三四年生的，而皮面光滑者，要砧木上切開一（T）字或（⊥）字形，將皮撬開，再把接芽放進去，用麻縛好即行。

接芽時期：陽曆八、九月

接芽後約一星期左右，用手觸接芽後，所附着的葉柄，如果容易脫落，便是活了，如不容易脫落，而葉柄變黑，像腐敗的樣子，那便是沒有活，如果時候還早，可在砧木另一面重接。

B 枝接：枝接法就是取前年生的枝條，長二、三寸，切斷作接穗（每穗上須有二、三個芽）接合于砧木，使二者癒合，其法又分為切接、割接、舌接等，現在以切接法來講。

方法：

由播種或種插育成的砧木，離地五、六寸以上的枝切去，然後在砧木的横端用刀切下八、九分深，須把形成層露出，然後取一接切接時期：春季發芽以前。

接臘：1.用途——是在接木時塗在傷口或截斷面，用以防止乾燥或腐爛的。

2.成份——松香四份。蜂臘二份。獸臘（牛油）一份。

3.製法——先把松香研細放在鍋中溶解再加入蜂臘和牛油獸臘攪拌，煮沸取下，繼續攪拌至冷即成。

4.用法——以製成的接臘加熱熔解用筆塗抹

（農家用牛糞和泥土混合塗于傷口）

四、各種果樹的繁殖法及應用砧木：

果樹栽种：各种果樹用各种方法養成苗木後栽到園地去种謂果樹的栽种。

A.栽种時期：因果樹種類而異。普通最適時期是在果樹生長停止，樹木呈休眠狀態時。

落葉果樹——秋天要落葉者，如桃、李、應在秋季落葉後春季發芽前。

58

常绿树——终年叶呈绿色而无落叶现象者，如柑橘类

六月梅雨期。

种类	繁殖方法	繁殖时期		应用砧木
苹果	1. 枝接 2. 芽接	三月二〔下〕	六月、八月、九月下	海棠
梨	仝	仝		山梨
枇杷	仝	四月上。	四月—十月。	〃
柑橘	仝	四月中下。	八月中。	〃枳壳
柿	仝	四月下—五月上。	八月中上。	〃君迁子
桃子	仝	六月中。	七月下—八月中	〃李、杏、
李、杏、	仝	三月上中。	七月—八月	〃桃、杏、
梅	仝	二月	七月—八月	〃桃、李。
樱桃	枝接	三月上中。		〃
葡萄	枝接、扦插、压条	三月下—四月上		葡萄
石榴	枝接、播种	仝		〃
栗	枝接、播种	仝		〃

B. 栽种方式

1. 正方形——利①形式整齐。②根部发育平均。
弊：土地利用不经济。

2. 长方形——利：通风透日好。
弊：土地利用更不经济。

3. 正三角形（在土地利用上比正方形好，但[illegible]空气流通及日光均透

4. 梅花形（[illegible]）——：：很少利用，[illegible]
财不及正方形。

C. 栽种距离：因种类、[illegible]方法、土地[illegible]度而異，现在把各种果树普通栽培距离如下：

种类	距离
蘋果	[illegible]
枇杷	1.5丈—2丈
桃李	1.2丈—1.5丈
梅杏	1.5丈—2丈
樱桃	2丈
柑桔	1.2丈—1.5丈
[illegible]	1.2丈—1.8丈
葡萄	[illegible]
柿	2丈
梨	1.5丈
無花果	1.2丈—1.5丈

註：[illegible]一[illegible]

D.

1. 栽种方法：由以上所讲，我们知道怎样[illegible]果树①何时栽②采用何种方式。③距离多大，我们就可着手栽种。

园艺课程讲义　9-1-38（79）

59

方法：取得苗木，先要修剪，把過長或扭下垂直的根或根的損傷部份修理平滑，以口新小枝子應留兩個，而易于癒合發生新根。木修整完畢，插植經二—三尺深之穴內的小孔，把枝正直的放在孔內，再用腐熟的堆肥和泥土扒下孔中，使四周緊與樹根附着。

四、果樹的整枝（修剪）：其目的有：

①使植物具有優美的姿勢，或一定的形態。

②便于管理，其法有二：

A.杯狀形——桃、李、蘋果、梨等。

方法：定植後留主幹一尺半截斷，其二年發芽後留三枝新枝做主枝，主枝與主幹間成45°，第三四年各主枝頂端留兩副主枝，第五年即成。如圖一

圖一

B.水平形——葡萄

方法：于葡萄旁打下以木樁，其上以橫木隔兩尺多的距離釘上一鐵絲，把葡萄依着以鐵絲的距離其主幹以

使樹[illegible]

修剪：

1.冬季修剪：自秋季落葉後到春季發芽前，除去無用及枯死枝條，以免隔年結果不。

2.夏季修剪：自春季發芽到秋季落葉前行摘葉疏果，摘心等，以通日光空氣，而抑制過度生育。

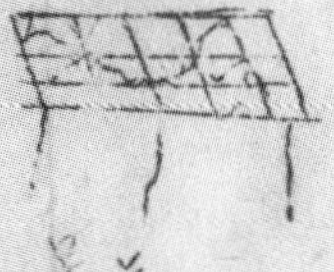

圖三

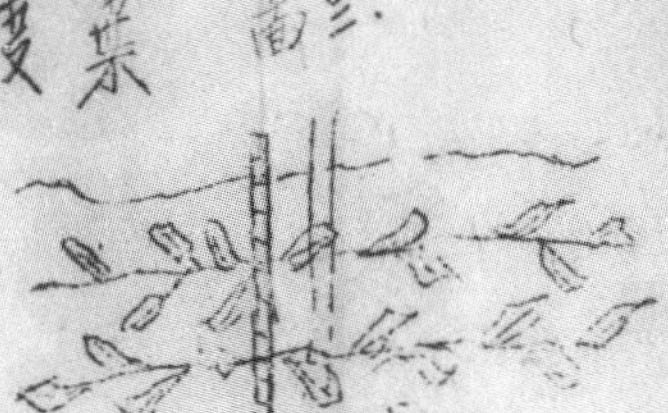

圖四

果樹栽培法實例：桃—

1.風土—桃喜溫暖氣候，土質宜排水良好的砂質土壤，切忌浸潤和過肥。

2.栽培—繁殖桃樹多用接木法，芽接法（容易活）砧木、①果苗。②李（种在肥地）以栽种距離一丈五尺。

3.管理—①折梢水整枝。②疏果。③套袋（防虫蛀）。

蔬菜—：

1.蔬菜與人[illegible]關係：

A.供給營養素—如豆類、瓜類、莖、芽、藕含有澱粉，豆類其含有蛋白質。

B.助消化——含有多量纖維能增進胃腸運動，幫助消化

C.供給活力素

D.促進食慾——辛香類蔬菜類如葱、大蒜等能促進消化液的分泌，液汁多，可增食慾。

E.醫治疾病——如菠菜含鐵可治貧血病。

五、蔬菜的促成栽培法：

A.冷床——用玻璃框保護太陽的自然熱度來育苗，

方法：做好以前木框，將木框中泥土碎細，播种其內加蓋玻璃向北，繫以陽光照射，用途不大。

B.温床——除利用太陽熱力外，又加人工熱力，因此可以提早播种

方法：長方形床框，向北的木板要較向南的得高，木框中掘一土坑，大小與木框同，深約二尺，坑的底面，做成鍋底形，中央高，北面淺，南面更深，床底先鋪落葉一層，然後踏實，淋人糞尿少許，蓋好玻璃，過二、三天，蓋好細土約半尺即可播种。

受理[illegible]
其莖葉變成白色柔軟，以合乎吾人嗜好，其法有：
A.束縛法：於葉菜、白菜等，生長至十分繁茂時，將葉集攏用
稻草束縛即成。
B.培土軟化法：芹菜、葱等，將蔬菜種在溝中，生長至充分長大，用鋤
頭將積的河泥上去，培在其蔬菜根部兩旁，使莖頭露出
泥土面即成。
C.圍板軟化法：[illegible]蔬菜將長成時，用木板圍在其蔬菜兩旁，使被圍蔬
不見日光而軟化。
貳.蔬菜貯藏：要件
A.地點：①不受外界氣溫影響。②優良通風設備。③內部溫度低涼
不可結冰，在[illegible]以下。④內部空氣不可過分乾燥，須帶有適度溼氣。
B.蔬菜：①無病蟲害者。②需採收適當者。③葉菜水分多
先須行[illegible]度乾燥，不可堆積。
栽培實例——百合
1.風土：[illegible]排水好，表土深厚的砂土
[illegible]

园艺课程讲义 9-1-38（83）

61

五、栽培：可以用種子分繁殖，但通常用小鱗莖或鱗片，九月間先種于苗床，株距二、三寸，第二年春天發芽後，中耕除草三四次，至秋季九十月時行定植，株距八寸至一尺，第三年秋季葉黃枯後可掘取。

花卉

一、花卉的用途：

1.欣賞用——如個人花園供人娛樂，公共地方的公園增進國民健康。

2.裝飾用——如蘭、菊、劍等。

3.香料用——如桂花的糖中，代代花加入茶葉中。

二、花卉的繁殖：花卉多行育苗繁殖時應有的注意：

①掘苗時携帶苗根。②要在無風陰天。③在傍晚時。

④移植時要携帶宿苗的根邊。⑤移植後應設遮陽裝置。

三、花園管理

⑤整形和[illegible]

栽培实例：菊花。

A分株法：分离去发生于母株根旁的嫩芽，当年花谢后，在十一月下旬或第二年三四月把嫩芽分开先种于苗床，五月定植。

B.扦插法：五六月取二三寸长的菊芽扦插在砂质土壤中，遮日光，常灌水，生出新根即成新苗，定植后须摘心，摘芽，除蕾。

农业辅导手册 9-1-48（134）

12

75

1.改良稻種

稻為世界上最重要的之作物，足供全球人口半数以上之食用，又為我國全人民之主要食糧，亞洲各國栽培最多，中國全國各省栽培面積約四万万畝，年產黃谷十万万担，四川約佔十分之一，本区十縣三十七年栽培面積共三二六万畝，年產黃谷一一七四万担。

(一)稻之形態：

(1)根：播種後先生臨時根，再生永久根，鬚根系分佈於地面下二三寸左右。

(2)莖：莖高三至五尺，中空有節，綠色後變黃色，生長高大者，節數少，上部節旁萌枝，可割作再生稻。

(3)葉—葉互生，脈平行，葉先細長，葉鞘包圍莖稈基部，有葉節
葉片與葉鞘分界處有葉環、葉舌、葉耳、毛狀，稗草則
無葉耳、葉舌，田間觀察，甚易區別。

(4)穗—稻為複總狀花序，中為穗軸，再行分枝，每小穗僅有一花，基
部有副護穎，上生護穎一对，內外穎各一，小花有雄蕊六枚，雌
蕊一枚，花絲細長，藥分四室，柱头羽状分枝，基部有二鱗片，
自花授粉，開花多在白晝中午最多，子實為穎果，穎片
與種子不易分離，米粒長橢圓形，扁平，有縱溝，中具腹
白，胚在腹面基部。

(二)稻之栽培：

磐山四寶閣文具印刷紙號印製

76

(1)選種—我國農民多用簸箕或風扇風選，種粒要飽滿整齊，無病虫破損，發芽率高則生長良好。

(2)浸種—三月下旬春分節後，谷種浸水，促其發芽迅速，而免鳥雀啄食，浸種要常換水攪拌，或用袋裝浸於河中，取出陰乾，即可播種。

(3)播種—四川種稻多在三四月間清明節前後，秧田每畝播種一石二斗，移栽本田每畝需種四五升，普通秧田一畝，可種本田三十畝，據實，稻種之播種量，每畝十斤。

(4)秧田—理想之秧田必需灌溉排水方便，日光充足，地土平整，宜近肥，畦長方形，寬四尺，中留走道，管理方便，基肥可用人糞尿、油餅、草木灰，灌水約一寸，注意防守雀鳥，拔除螟卵，拔去稗苗，播種後三四十日，秧苗七八寸時，即可移栽。

(5) 插秧—插秧期約在五六月間，立夏節前後，普通行距一尺半，株距一尺，或作正方形，每穴插秧五六本，深約一二寸。

(6) 施肥—稻田施肥以氮肥為主，時期約在六月中旬，多用人糞尿，豬糞，灰，油餅，河泥，骨粉及石灰，化學肥料可用硫酸錏及過磷酸鈣，普通每畝稻田需用氮六斤，磷五斤，鉀四斤，約合人糞尿八〇〇斤，豆餅八〇斤，草木灰一三〇斤

77

(7)中耕—耨秧可使土壤鬆軟，空氣流通，增高土温，除去雜草，促進根部發育。第一次約在移植後十日至半月，再經二十日可行第二次中耕。

(8)收穫—收穫時期約在八九月間立秋前後，用鐮刀刈割，紮成小捆，立於田中晒乾脫粒。四川打稻多用拌桶，稻谷必需晒乾，然後才耐貯藏。穀米折算，容量約為百分之五十，重量約為百分之八十，糙米精碾可得白米百分之九十，普通折算則為黄谷一石，可碾白米四·七五斗。

田賦徵实及土地陳報所具標準如下：甲等每市畝産量四·八〇市石，乙等三·六〇市石，丙等二·四〇市石，丁等一·八〇市石，[illegible]

石，約合老量一石。

(三)螟虫防治：

(1)被害狀態——螟虫潛居稻莖之中，食害莖髓，心叶枯死，穗色變白，穀輕不實，心叶穗稈，極易抽出，稻莖或葉鞘，具有小孔，或附有螟虫之排泄物。

幼虫均在稻樁內過冬，四五月間羽化成蛾，天黑交配，在稻田產卵，幼虫孵化後鑽入稻莖，食害髓心，而成枯心苗，六七月間又在莖內變蛹，第二三代之幼虫，食害稻莖，就成白綫，穗而不實，就稻遲熟，受害更大。

(2)防治方法 [illegible]

78

1，規定秧田面積——普通秧田，面積过大，治螟工作困難，合式稻田，寬為四尺，中留走道，便於採卵捕虫。

2，採除螟虫卵塊——身背竹簍一隻，手拿竹桿一根，將秧苗撥開，搜索卵塊，連同秧叶摘下，放進竹簍，帶回燒毀。

3，保護寄生蜂——寄生蜂可以寄生在螟卵內，消滅螟害，其他如蝙蝠燕子青蛙蜘蛛蜻蜓螳螂等，均為捕食螟虫之有益動物，切宜保護。

4，點用誘蛾灯——螟蛾在暗中性喜火光，用灯誘殺，最為便利，惟須集体实行捕捉，灯置盤內，四週加水，注入火油，夜晚掛在田裡，螟蛾見光飛集，落水而死。

5，兜捕稻間螟蛾——用捕虫網到田間捕捉螟蛾，以補誘蛾灯之不及，白夜捕捉，螟害可以早除。

6.清除田边雜草—螟蛾產卵多在稻葉，有時也在禾本科之雜草上產卵，清除田边雜草，也可減除螟卵。

7.拔除田中白穗—稻株在抽穗期中遭受螟害，即成白穗，留之無用，須應連根拔除，消滅隱藏在莖稈中之螟虫。

8.芟除變色葉鞘—二化螟虫時常羣集食害葉鞘，芟除受害變色之葉鞘，亦可殲滅羣集之螟虫。

9.拾燬土中稻根—稻將收穫之時，螟虫移入稻根，以便隱藏過冬，齊泥割稻，清除稻根，早日燒燬，最為穩妥。

10.實行冬耕灌水—冬季深耕，將土翻鬆，然後灌水，土中螟虫盡被

79

淹死，田中結冰，亦能凍斃，冬水田長期灌水，收效更大。

11 插用煙莖防治——菸草莖叶晒乾磨粉，在清晨撒佈秧田，每畝四十斤可以毒死幼虫；插田在小暑前後，可用菸筋斜插稻根旁边，浸水泡出煙味，亦可防除螟害。

12 選用抗螟稻種——有的稻種莖桿堅強，可抗螟害，或用早熟稻種，早種早收，螟害也可避免減輕。

（四）品種介紹：

甲 中農四號

（1）來歷——中農四號為中央農業实驗所在四川選育所得之中稻純系，原種為湖南鹽湖之「鐵脚早」，二十七年起[illegible]

優良，三十二年起在北碚璧山永川合川巴縣等地推行示範，成績甚佳，平均每畝產量高達六百八十餘斤，約較當地土種增產百分之十五左右。

(2)特性—「中農四號」不擇土壤，適應性特強，在川東巴璧碚合等縣丘陵地區栽種，最為適宜，早熟丰產，稈硬不倒，較能耐肥，又能耐旱，成熟整齊，穗形長密，米質中等，可免螟害，缺點是分蘖太差，栽秧數需要多。

(3)栽培—播種時期及播種方法，完全和本地稻種一樣，播種量宜稍多，秧田期約卅五天，秧苗長達五、六寸時即可拔栽本田，栽法與疏密，亦與本地種相同，惟每窩需多栽三、四根，中耕時間及次數亦同

璧山四寶閣文具印刷紙號印製

农业辅导手册 9-1-48（144）

840

本地種，第一次中耕後可以略施肥料，生長期約一百十五天，比當地中稻種要早熟五天左右，收穫前要注意田間去劣除雜，收穫後晒乾貯藏，也要保存種子純潔，千万不可混雜。

乙、中農卅四號

(1)來歷——「中農卅四号」係為中央農業實驗所在四川所育成之晚稻種，原種為浙江之「半早稻」，二十八年起開始各種試驗，成績極佳，卅四年在北碚作第一次示範，很受農民歡迎，後經北碚農業推廣所極力宣揚，已在北碚各鄉大量栽培，附近各縣亦來換種，平均每畝產量高達七百二十斤，約較當地土种增產百分之二十五以上。

(2)特性——「中農卅四號」特別適宜於肥田生長，產量很高，米質甚佳，抽穗整齊，成熟迅速，穗大而密，形如棒狀，與農家品種特別不同，為杆較短，最適於机器碾米，而且稈状耐肥，能抗倒伏，可避螟害，缺點是不適瘠地，易罹病害，故須种於肥田，下種量與栽秧数均須較多，留種時更宜注意拔除病穗，保持純潔。

(3)栽培——栽培方法與「中農四號」相同。

丙、湘農勝利秈

(1)來歷——勝利秈為湖南省第二農事試驗場选育成功的早熟的中稻良種，可作兩季谷的第一季早稻種，三十一年起中農所在北碚合川初步舉行示範，生長甚佳，頗受農民歡迎，三十四年

81

以後，合川璧山一帶均有栽培，平均約較當地稻種增產百分之二十以上，三十七年更被引用為推廣糧食增產之重要稻種。

(2)特性—勝利秈稻穗很長，產量高而穩定，品質優，較早熟，全生長期約一百二十天，適應性很大，最能避免螟害和病害，莖稈雖硬，肥田仍有倒伏，故選田以中等為宜。

(3)栽培—稻種移栽中耕等方法，完全與本地稻種相同，性不擇田，不需特別施肥，比較早熟，八月中旬即可收獲，但應特別注意田間除雜去劣，保持品種純潔，以便農民相互換種，擴大推廣栽培面積。

璧山四寳閣文具印刷紙號印製

70

2.改良麥種

小麥為世界人類主要之食用作物，[illegible]作物中[illegible]

位，種植最多，全國小麥栽培面積約為三五[illegible]万畝，常年產量四

五○○○万担，四川僅佔百分之五，每畝產量則以四川為最多，平均每

畝產二二五斤，三十七年全省栽培面積一七○○万畝，年產二六○○万担，

十縣一局栽培面積[illegible]万畝，年產[illegible]百担。

[illegible]贊根[illegible]保多少

[illegible]將先生監將根，[illegible]道多為[illegible]

[illegible]行枯萎[illegible]則在地面下一寸左右長出，根元根

吸收土壤中之養料與水分。

(2)莖：麥之莖中空有節，高約三四尺，其桿約分六節，土中莖細多則植株生長高大，生長時期綠色，老熟時變為枯黃，推廣麥種中要有矮小植株矮壯，可抗倒伏。

(3)葉：麥之葉互生平行，葉鞘與葉莖之間有葉耳及葉舌，普通麥約六葉，葉之深淺及寬窄則因品種及環境因子而不同。

(4)穗：麥穗是由許多小穗組合而成，各小穗單獨重疊互生於穗軸上，穗之疏密與大小因品種而異，穗軸分節，節處有毛，小穗多少與產量有關，普通小麥每穗約有十五至二十個小穗，基部小穗，多不結實，或發育不好，每個小穗有五朵小花，結實者僅有

农业辅导手册 9-1-48（127）

11.

71

二至四朶，每朶小花具有内外穎各一，有芒[illegible]……[illegible]外穎尖端，小穗之外有護穎一對，内外穎中有雌蕊一枚，柱头[illegible]……[illegible]雄蕊三枚，花絲細長，基部有二鱗片，開花多在白天，種子尖端生有叢毛，胚在種背基部。麥粒皮色紅白不同，胚乳組織有硬有軟，普通可分紅麥、白麥、硬粒、軟粒等類。

（二）麥之栽培

（1）整地——整地時期宜早，耕耙要細，排水良好之黏質壤土最佳，前作收穫後必須耕翻耙碎，再加鎮压，即可播種。

（2）選種——農家選種多用篩箕或颺扇、風選，除去雜質及有病虫的麥粒。

(3)播種｜小麥秋播多在十月中下旬，早播可免成熟期遇霉雨之患，播種量每畝五市升，約重八斤，普通條播或點播，深約一二寸為宜。

(4)施肥｜小麥施肥多用堆肥、廄肥、人糞尿及草木灰，播種前先施基肥，每畝須用廄肥五〇〇斤，油餅十五斤，草木灰三十五斤，於早春二三月中再施人糞尿一次，以作追肥。

(5)中耕｜小麥在生長期中，宜行中耕除草二三次，第一次在種子發芽後一個月，苗高約三寸時，並須壅土根側以防寒風，第二次中耕在冬末春初，同時施用追肥，三四月間在小麥出穗前最後一次中耕，壅土以免倒伏。

2

农业辅导手册 9-1-48（129）

72

(6)收穫——小麦成熟即可收穫，普通多在五月初旬，茎葉變黄，麦粒乾硬之時，脱粒去雜，晒乾貯藏，每畝產量約二〇〇斤。

(三)病害防治

(1)黑穗病

(A)病徵種類

a.散黑穗病——小麦最多，受病的麦穗，抽出較早，病穗黑色，被風吹散，僅留光桿。

b.堅黑穗病——大麦才有，出現較晚，病穗之外有薄膜一層，不易被風吹散。

c.腥黑穗病——受病麦穗，外表不易認識，但有一種腥臭，故成期才被脫殼，子粒壓破，散出暗褐色粉末。

(B) 防治方法

a 冷水溫湯浸種——大小麥黑穗病均可防治，播種前用冷水浸種八小時後，再浸於攝氏五十四度之溫水中十五分鐘，取出浸冷晾乾，然後播種。

b 炭酸銅拌種——除散黑穗病外均可防治，每一市斗麥種用藥二十五公分（約一市兩），混合均勻，立即播種。

c 「谷仁樂生」拌種——每一市斗麥種，僅需用藥二公分，拌和均勻，然後播種。

(2) 銹病

璧山四寶閣文具印刷紙號印製

73

(A)病徵種類：

a.黃銹病——發生最早，多在四、五月，為害小麥之莖叶叶鞘和麥穗，初沿葉脈或莖稈發生黃色條紋，成熟時破裂而散出黃色粉末，條斑略如綫狀。

b.葉銹病——又名褐銹病，發生期居中，多在出穗以後，初為不規則之赤褐色病斑，成熟破裂，散出赤褐色粉末，另有長橢圓形病斑，決不破裂，另一寄主為唐松草。

c.稈銹病——又名黑銹病，發生最遲，約在六、七月，初生圓形或長圓形鏽色小點，再生暗黑色之條斑，分散而較大，另一寄主為小蘗。

(B)防治方法：

a.選種抗病性品種。

b.不可多用氮肥和磷肥。

c.撒佈○.五度的石灰硫黃合劑。

d.被害植株收獲後務必燒光除盡。

(四)品種介紹

(1)中農廿八号(落霞)——原產意大利之晚熟種，粒色棕黃，十月上旬至十一月上旬播種，宜栽冲積壤土，愈肥愈佳，冬季發育不旺，春暖迅速生長，穗密而結實多，优点是稈硬粗矮，耐肥不倒，分蘖力強，成熟整齊，產量高，比普通小麥多收百分之二十。

(2)中農六十二号——中熟種，粒白稈高，出粉量多，麥稈為作草帽之

农业辅导手册 9-1-48（133）

74

最好材料，惟其分蘖力弱，播種量宜較多，產量比普通小麥約高百分之十九。

(3) 中農四八三号——早熟種，宜栽於稻麥兩作田，產量較普通小麥高百分之十八左右，成熟期早，可與大麥同時收獲。

(4) 中大二四一九——原產意大利，粒大色白，十一月上中旬播種，不宜過早，可栽精肥之砂壤土，黃土或填土，較普通小麥早熟五六天，可與水稻輪栽，中耕宜勤，優點是豐產稈健，抗病力強，成熟特早。

农业辅导手册 9-1-48（87）

10：

44

三、推廣南瑞苕

紅苕又名甘薯爲我國主要雜糧之一全國栽培面積五千餘万畝年產五万万担，四川全省栽培面積約八百餘万畝年產六千四百万担，本區各縣栽培面積約四十七万畝年產二百三十万担。

（一）性狀：

（1）紅苕原產熱帶，普通栽培皆爲一年生作物，寒地不能開花而以種薯育苗繁殖，

（2）莖細長匍匐地上，葉呈心臟形，有長叶柄，花紫色如漏斗，與牽牛花相似。

（3）莖之各節容易生根入土膨大而成塊根，皮肉有紅白黃紫等色，紅肉種味甜，白肉种味淡，成熟期較早，

（4）塊根多肉漿甜，富澱粉，可供食用或釀酒作飴製粉或乾藏，向陽傾斜之山坡或熱乾

多，溫度高較早熟，栽培常能生產优品

(二)風土：

(1)紅苕性好高溫，在暖地生長之塊根發育充分，質緻密，少纖維，糖分多，產量尤

品質尚佳。

(2)土質喜輕鬆乾燥，最忌粘濕，故以排水良好之壤土、砂質壤土或壤質砂土最宜

(3)生育初期需雨較多，成長期則宜乾燥，需晴天多日照強，雨量過多則莖叶繁

茂，阻止塊根發育，光澤差，水分多而味淡，肉質軟，不耐貯藏；乾旱過甚，則薯形不

正，皮粗厚易龜裂，品質粗劣。

(4)薯苗生長勢力旺盛，善能吸收土中養分，雖在瘠薄土地亦能生育，適度產生优

良品種，但在粘質肥土生長，薯形大而不整，纖維多，外觀不佳，水分多不耐

45

貯藏，故當栽培適地。

(三) 栽培

(1) 選種：十月下旬秋霜降後，苕已充分成熟，掘起塊根，揀選勿傷，貯藏窖中，最怕潮濕寒凍，優良之种苕須有下列之特性：

A、具備該品種固有特性。

B、母株產量一株生有多數种苕。

C、苕之大小適中，每个重約五至八兩。

D、苕形整正，肥大，半圓兩端細小。

E、表面淺凹多，分佈均不深。

F、無病虫害，發育健全。

(2)育苗：寒地多用温床育苗，普通則选当阳光地方，東南向作長畦，寬四尺以將土深耕施下廄肥，鋤碎土塊，斜置种薯，株间行距各一寸，用砂质壤土均匀覆盖，然後澆水，值间天冷要用草蓆遮盖，天暖除去，使得適当阳光，並注意灌水澆糞，促其生長，种薯一畝須用种薯三十五斤，苗床面積約一方丈，三月中旬下种，三天生根，過後萌芽，約經一月即可切蔓移置植，優良苗種苗須有下列之特性：

A. 苗長一尺左右，節间短，一苗約有十節，

B. 葉柄短大，着色鮮明，葉色濃淡適度，堅而脆，充分向展，

C. 蔓短肥大，組織充實，水分含量不多，節部尚未發根，

D. 無病虫害，發育健全，

E. 第一次採取之蔓生長優良，如其數量不足可施速效肥料，促進萌蘖發生

瑩山四寶閣文具印刷紙號印製

农业辅导手册 9-1-48（91）

46

二次種苗，

F.種蔓先端及中段生長較强，地根多，成熟早，基部末端不宜利用，

(3) 種植：

A.苕苗栽植时期宜在四月中旬至五月下旬，以早為佳，

B.栽植前整地作畦，東西向寬二尺高尺許，先施基肥，斜插苕苗，先端向南，株間距離八寸至一尺，

C.栽植宜在陰天最佳，晴天宜在早晚，雨後不必灌水，如係晴天土壤乾燥，則先灌水，然後栽植，如有缺株，仍須補育，

D.苕苗每段宜長七八寸，有節六七處，切取之苗宜用濕布或稻草覆蓋，勿使乾燥，

三、插苗方法有斜形、鉤形、船形、弧形及水平形等：

a、斜形插法：最簡單，適於乾燥土壤，插時用棒或手穿穴，將蔓以四五度角插入，僅留五分一於地面上，再壓覆泥土，但此法收量不多。

b、鉤形插法：插時掘穴，將苗彎曲埋入土內，上部露出，此法成活率高。

c、船形插法：將苗兩端埋入土中，中間部分微露地面，葉則全部露出，此法適於稍乾土壤，收量不多。

d、弧形插法：畦上株距一尺五寸，掘穴後將蔓之中部分向下彎曲插植，基部及先端稍露，叶頂全部露出，此法用於濕地及淺土，插入甚淺。

e、水平插法：株距稍寬，蔓長一尺六七寸，作畦時先開淺溝，將蔓平置，僅留基部二寸及先端二三寸露出地面，中段覆土厚一寸許，葉全部露出不可

璧山四寶閣文具印刷紙號印製

农业辅导手册 9-1-48（93）

47

埋設，任其回化作用，或將其部向下，插入压實，僅留先端在外，此法莫在土中，全部均近地表，各節有生長大薯可能，收量增加，但其所費勞力較多。

(4) 中耕：

A、耕植後如水分充足生根後須行中耕除草，如與小麦之間作，收麦後則須淺耕培土。

B、蔓上有節，在地上生枝着地生根，如任其生長，則蔓長根多，影响收成，故需常常翻動，翻蔓宜在日中施行，可免折斷，同時除草，八月下旬以前共行兩次。

(5) 收穫：

A、收获時期早在八九月，遲在十一月，宜經微霜充分成熟後採收最佳，遲則岂在地窖內，早則不耐久藏。

B、普通早熟種栽植後一百二三十日晚熟种一百五六十日葉稍変黃即可採收。

C 採收时用鐮刀将莖割去再用鋤在根地周围掘起根株拾放塊根切勿損傷不耐久藏每畝產量少則七八百斤多至一千二三百斤。

D、寒地採窖貯藏穴深三至五尺寬二三尺長短無定穴底周围均須墊稻草麥桿厚三寸高出地面上蓋稻草再覆厚土側面留穴插竹通氣天寒塞住可以藏。

(四)良種介紹——南瑞苕

(1)來歷：南瑞苕原名(Nancy Hall)產於美洲，民國二十九年春自美國(Lonisiana)農事試驗場引種由中農所與川農所合作進行品種純化观察及比較試驗第一年在成都繁殖观察生長極佳，

48

三十年正式加入品種較試驗，在遂縣及成都兩地分別舉行，其產量均為各品種之冠。三十一年復增加綿陽、潼縣、合川三地試驗。

三十二年除繼續在各地試驗外，並行示範栽培，結果均佳，深為農民歡迎。三十三年仍在北碚等地擴大示範，並進行初步推廣，同時定名為「南瑞苕」。

(2) 特性：

A. 蔓長中等，通常為四尺左右，少有達七八尺者。

B. 莖粗壯綠色帶微毛，節間甚短，節部紫色。

C. 葉緣齒狀或全緣，葉片正面有毛，背面微毛或光滑，除葉片與柄連接處為紫色外，餘均綠色，葉柄有微毛。

D.塊根成紡錘形，大小適中，表皮黃，外表光滑或帶脉紋，內部淡黃色，雜以橙色。

（3）優點：

A.產量高：產量極高並甚穩定，在遠縣試驗產量最高者每畝可達三千五百斤；歷年在合川北碚等地試驗，所示結果均高於當地品種，三十二年最低者超過當地品種百分之一〇·二三，最高者達百分之一四〇·九九，平均約為百分之三九·四二；三十三年最低者超過當地品種百分之九·二五，最高者達百分之[illegible]八九，平均為百分之四九·八〇。

B.品質佳：糖分甚高，粗纖維少，品味極佳。

C.早熟：成熟期中含水少，易於貯藏。

D.耐旱耐肥：適於肥土生長，產量[illegible]因莖葉粗壯，遇秋旱為害時甚

49

受災影响較輕。

三、宜作飼料：莖葉粗大，組織細密，可作飼料，頗合農家需要

(四)適應區域：南端自民國二十九年由美國引進起至三十三年止，在川西川東、川北等地試驗示範結果，成績優良，適應性強，因具各項優良特性，故在民間栽培，散佈甚廣，北碚、合川兩地自三十三年開始示範後農家均已普遍栽种，南端若在北碚之市場价格恒較當地種高出兩成，今後推廣更易，農民受惠甚大，其栽培方法則與農家土種完全相同。

34

推廣小米桐

桐油為我國主要外銷產特，且為世界上唯一之桐油出產國，近年對外貿易，常以桐油列為輸出首位。國內油桐產地有川、湘、桂、浙諸省，全國桐林面積約有四六四万畝，種植桐樹二百万株，年產桐油四七八万担，二十八年輸出最多達一〇六万担，其中有百分之六十五運銷美國。

四川全省面積桐林面積約二三〇万畝，種植桐樹四十万株，年產桐果四〇万担，可榨桐油一二四万担。本區之合川、江津、巴縣、江北、綦江、璧山等縣，年產桐油約四〇万担。現在要大量推廣栽種，發展本區經濟收入。

一、用途：

(1) 桐油的用途：

A.塗飾房屋舟車器具雨傘漁網船縫

B.製造油漆、油墨、油灰、油乾、油布、油紙

C.製造電木、瑙瑯、漆布、人造革、假橡皮及電氣絕緣体。

D.製造肥皂、點灯、鋪路面、提煉代汽油可充動力燃料。

E.用作飛机軍艦潛艇之塗料及防腐劑。

F.用作医藥催吐、解毒、火傷、癰腫及殺虫劑。

(2)桐樹的用途：

A.枝幹之乾材輕軟可造傢俱箱板床板及樂器。

B.桐叶可作薪柴及肥料。

C.樹皮含有單寧能作染料。

35—

D.果皮燒灰作桐鹼，可洗衣服，又能作肥料。

E.果皮及子壳均可作造紙及玻璃之原料。

(3)桐麸的用途：

A.桐粕含有毒质，不宜作飼料。

B.旱田作肥料，但忌与人糞尿同時施用。

C.桐麸燒灰和油製造油灰，可以補塞船縫、盆桶。

二、性狀：

油桐為大戟科，油桐屬之落葉喬木。我國栽培的桐樹普通只兩種：三年桐在四川湖南及華中各省栽培最多，植種後三年即可結實，其壽命較短，但適应性强，桐果含油量最高，千年桐產於我國東南各省，南部最多，如树七八年開始結果，其壽命長，耐寒性弱，油分稍遜，油茶曲度，普通三年桐又名桐油樹或桐子樹，其性狀如下：

1、樹形：落葉喬木，樹幹低矮，約高一丈，枝多下垂，樹冠扁平。

2、樹皮：樹皮灰白，初為平滑，後有裂痕。

3、葉：葉廣不分裂，間或有三裂，葉色淺綠，質厚，全緣光滑無毛，卵狀心臟形，葉脈不顯著，葉柄頂端生有無柄之腺囊。

4、花：開於上年所生之枝條先端，時在樹葉發放之前，雌雄同株異花，花大柄，白色而有黃紅斑點，花瓣圓卵形，雄蕊八至十本。

5、果實：果實扁形，外表平滑，頂端稍尖，直徑一寸二至一寸六寸，每室含有種子三至七粒。

农业辅导手册 9-1-48（71）

36

6.種子：种子外观為涠园卵形，較千年桐種子大，每升約一四○至一五○粒，重約十二兩。

7.生長習性：栽後三四年即可结果，八年至十五年為结果盛期，二十年後產量積減，每株结實十餘斤至五六十斤，含油量百分之三十至四十，耐寒性強。

四川栽培的桐樹，高度約在一丈至二丈之間，结果成熟時期約在十一十二月，果實的外圍平滑，每一果實含有種子三至五粒，普通每担桐果可產桐籽七十五斤，每担桐籽可得桐仁五十六斤，桐籽含油量為百分之三十四至四十四，桐仁含油量為百分之五十七。

三、適應：

(1)地勢：油桐為陽性樹種，性喜溫暖，高原山坡及丘陵山岡等地均可生長，但須排水良好，海拔須在二千五百尺以下，且以斜坡向陽、山腹之南常受日光又可避風之地最佳。

(2)土壤：通常以肥沃疏鬆、稍帶酸性之砂質壤土為宜，且須排水良好，含有機物質尤以表土砂質底土積有三至八寸之壤土為最佳，種在低地者最忌水濕，鹼性土壤則易枯萎；又含石灰質、水濕過多、粘性甚強者皆非所宜。

(3)氣溫：桐樹發芽氣溫須達華氏六十度左右，才能使桐樹之全年氣溫平均不低於華氏二十度以下。

(4)雨量：桐樹每年所需雨量約為二十八至三十吋，全年雨量不低於二十吋

农业辅导手册　9-1-48（73）

37

桐子白露至寒露時，夏季需水較多，八月乾旱則果小，七月乾旱則油少。

苗圃乾旱，須加灌溉。

四、栽培

(1)選種：

A. 苗種桐子採收以後連同外殼裝入麻袋或窖埋地窖之中，或拌濕砂藏於筐簍之內。

B. 選用桐種必須飽滿純潔，不黏附土泥病菌，避免隔瘦，發芽率高且表現固有的色澤和特性。

(2)整地：

A. 苗圃宜在林地附近，陽光充足，空氣流通，灌溉及交通方便，地勢傾斜和候，排水良好，土质不必过肥，不可温热太高，冬季及播种之前，均须耕深锄松，翻动表土，除去杂草及碎，畦宽三尺，畦中作沟，并设通沟，先施基肥。

B、秋地开垦植桐，必须先在秋季锄去野草，从耕播种豆科绿肥作物；春季耕翻，锄松，松碎土壤，开沟排水，倾斜山地，宜挖梯田，局部掘穴比较经济，坑宽五尺，深一尺半，先施基肥，以备栽种

(3) 直播：

A、桐籽先以清水浸透，可以促进其发芽，三年桐浸种四天，生长甚佳发芽率最高。

B、播种时期，春播以雨水节前后为宜，但播桐果经验，四月播种者较易

农业辅导手册　9-1-48（75）

38

結而較多，結果豐盛。

C.油桐之行株間距宜較寬大，普通土質較差者，以株距一丈二尺，行間一丈五尺為佳；土質較好者，以株距一丈五尺，行間二丈為宜。

D.播種形式以採用正方形、長方形或三角形為佳。

E.播種方法整地掘穴，宜深五寸，直徑一尺，並施以草木灰、人糞尿，每穴栽種三粒，上覆細土二三寸，用足踏緊，發芽後夏季間苗，每穴留一株。

(4)育苗：

A.播种时期，春播宜在二月底至三月上旬，遲則發芽率低，浸種四五日可以促進發芽。覆土二寸，經三星期即可發芽。

B.畦寬三尺，用小鋤開溝，宜東西向，行距八寸至一尺，株距三寸，播種一粒，每畝播種七斗，可得桐苗一万二千株。

C、桐苗發芽後，注意中耕除草，灌溉排水，播種前可施堆肥於桐行，或以新作基肥，發芽後如桐苗生長不佳，可施追肥一次，夏季陽光免受強烈，秋後易遭霜害，則須蓋草稈以保護。

D、幼苗稍長，枝條可依分枝繁盛，勤施稀薄肥水，以冀木可以促進生長。

(5) 移植：

A、一年生桐苗，高一二尺時，即可移植，適時期在春季二三月間。

B、苗圃中宜選健苗，先灌水使土濕潤，用鋤掘起，切除一部根葉，移植前可先分栽假植。

C、移植距離以八寸至一尺二寸為宜，穴深一尺左右，苗須大小一律，並使

农业辅导手册 9-1-48（77）

39

將須根舖平正直，而後覆土再用足踏實。

D、定植以正方形最佳，或用長方形及三角形，前二種所佔面積多，空氣通暢，日照良好，工作方便，行與株距各為一丈五尺。

E、桐樹移苗須在樹液完全停止流動之後進行，始不至有碍生長。故一般在十一月至翌春二月為宜，雨後舉行最好。

F、桐苗栽植可用麻繩測定株距再度印，掘土深徑各一尺，施用堆肥与土拌合，將苗植下，蓋以細土，輕加踏壓，灌水覆草，以防乾燥。

(6) 中耕：油桐定植以後，應勤加中耕除草，每年至少二三次，中耕宜淺，使土疏鬆，第時流土培壅樹根周圍，同時將雜草清除，約五年後桐枝繁茂，土中除草即可停止。

(7)施肥：普通植桐多不施肥，新垦桐林宜施厩肥或堆肥以作基肥，每施草灰、人粪尿作追肥。施肥时期宜在二月和七月，施肥量每株需用厩肥五斤至三十斤，草木灰及人粪尿每株约需六十斤，桐林株间可种豆科作物以作绿肥。第三年开始结实以后，每年需用基肥一次，第二次人粪尿、油饼、骨粉、木炭、草木灰等混合肥料。施肥方法则在树干四周掘溜状或條状之沟，深约五六寸，施后覆土以防肥分蒸发流散。

(8)修剪：油桐修剪多在隔年生之枝稍，修剪不能促进侧枝滋生成长，反结洞少果实产量，故修剪除仅枯枝、残干以外，其余枝條不必修剪，惟在桐苗定苗定植以后，修剪树干可使树冠低矮，促进侧枝生长。三年桐在二三年生长过高时，可于离地二尺左右剪除枝梢，第一二年所开之

农业辅导手册 9-1-48（79）

40

花，出宜摘者。

（9）收獲：由桐樹種後三四年即可開花結實，壽命約長二十年，白露節後十一月間，桐果成熟，由青變為褐黑色，普通多用人工徒手採摘，費時多而不經濟，樹高可用竹竿打落，如無盜賊偷窃，林地除草乾淨，則可任其落地，但落地拾取此時桐果十分成熟，出油較多，油質較多，採後隨即可貯藏，可免霉爛之患。

桐實產量隨樹齡逐漸增加，普通每年每株可採桐果十九斤，產油三至四斤，一般估計每畝桐木年產桐油四〇—一二〇斤。

（10）貯藏：採收之桐果堆積於室內，或室外比較乾燥之處，上面須覆蓋稻草或搭棚，以避風雨侵襲，每隔一日翻曬，堆積桐果可以促進果皮之發酵

腐化十日後用刀剥去果皮再置日光下晒乾打脱种壳取去种皮即得桐仁

或用简单机械先浸沸水直接脱壳二作简捷可免发酵作用而影响油

含之量如质

桐籽贮藏应以籽子状态为佳，不宜除去种皮，桐仁贮藏必须晒乾

或焙乾，愈乾愈佳，放在通风乾燥处，堆积不宜过厚，时期不宜过

夏，桐实有壳晒乾後下铺草稈，外围竹篾，上盖稻草，放置其中，切

忌受潮，可以久藏

留种之桐籽，须经选择，将桐果装於麻袋置於深约四尺之砂土

坑内，上覆泥砂，再盖草稈，免其乾燥，即之青果皮腐烂，去其外壳即可播

种，或将桐果堆集于湿处三处，上覆以鲜青草，使其果皮發酵，促进

鑒山四寶閣文具印刷紙號印製

41

將桐籽洗乾淨陰乾備用

五、品種介紹——米桐

本區現在推廣之桐苗是米桐，又名小米桐，屬于三年桐的一種，還有一部份是對年桐

(1)優點：

A結果期很早，播種後三五年就能開花結果，新栽的桐苗二三年後開花結果。

B結果期很長，栽栽後的桐苗第三年起結果，一直到第二十餘年始死，故其結果時期約在二十年以上。

C結果很多，每個枝上可結桐果四五十個，普通多為五六個，分枝很多

结果而言。

D.管理方便，树枝矮小，整枝摘果都很方便，所占地方也不大，每亩可栽四十株。

(八)移苗

A.不要伤根，掘苗或栽苗都要小心，如伤根部则生长慢，不易活。

B.不必带土，掘苗多在冬季或早春，根部不必带土，也能栽活。

C.要剪去根，将苗之根直伸向下，挖出桐苗要用刀剪切去一部，可使将来树身粗壮。

D.保护根部，起运桐苗要用草席包裹根部，以免风吹日晒乾枯而死。

璧山四寳閣文具印刷紙號印製

农业辅导手册 9-1-48（83）

42

(3) 栽植：

A 利用山腹斜坡、园边、沟边、溝沿两旁，均可种植。

B 每株间距宜为一丈五尺

C 掘坑要宽二尺，深一尺五寸，直挖下去，坑底要平

D 表土耙细放在坑底，略施基肥，再种桐苗

E 桐苗栽后，踩土打紧，留苗，桐苗以便补植缺株。

F 土薄底硬的地方，根部不能深入，不宜栽种桐苗。

G 当风的地方不宜栽桐，以免风大时花果吹落，树根翻倒

H 地下有石灰土带碱性过重，栽桐容易枯死。

(4) 抚育：

A保護桐苗，栽植後要切实保護，免被人畜伤害

B多施肥料，每年或隔年施肥一次，时期宜在冬季或早春，用人粪

尿、草木灰、菜饼、以底肥、

C隔年结果，大年開花多，要用竹竿打落一部，以免下年不结桐果

D防治虫害，桐树上常有毛虫、尺蠖、天牛、金龟子、八角钉等虫危害

叶芽花果，宜用人工捕杀防治、

E整理枝條，在冬季修剪，宜將密枝、细枝、枯枝及下垂的长枝條

剪除，使其陽光流通，耕作方便

F保看守，桐果成熟，常会被人偷摘，必须大家订立合作公约，集体看守

G适时採收，摘果子由伤口，往年都容易伤枝條，宜在桐果成熟

璧山四寶閣文具印刷紙號印製

农业辅导手册 9-1-48（85）

《农业辅导手册》之推广小米桐

43

变成褐色时摘，等落或等落地拾取。

六、植桐主佃权益分配办法

（四川省第三区专员公署卅八年一月十八日署三字第[illegible]四号公函及元月廿四日本处建字第六十一号通知）

(1) 桐树系权属于地主。

(2) 地主对种桐佃户之佃额，不能因植桐而增加。

(3) 佃农负桐树栽培、保护、管理等之责。

(4) 桐树收益完全为植树佃户（地主不及减佃，七成归佃，三成归地主分配）

(5) 植桐树边界，影响他人粮食作物者，由种植双方协商酌分桐子收益，但以不超过四成为限。

(6) 植桐佃户所植桐树收获年限（十年）内，因故退佃时，应由

北東街户[illegible]補償，並由村長暨有[illegible]

備查

(7) 樣田时補償办法如下：

植樹後年次	補償米斤數
二	35
三	70
四	105
五	140
六	175
七	16.5
八	15.0
九	13.5
十	12.0
十一	10.5
十二	9.0
十三	7.5
十四	6.0
十五	4.5
十六	3.0
十七	1.5
十八	0

鹽山四寶閣文具印刷紙號印製

8

27

5、栽培美菸

美菸又名烤菸，原產美國，專作紙菸原料之用，其植株高大，細尾薄，菸筋細，炭火烘烤後呈金黃色，香味純厚，經濟價格甚高，本區栽培很少，極有推廣希望。

我國菸葉產區有川、粵、豫、黔等省，全國種植菸面積共約八百萬畝，年產菸叶一千一百万担，居世界第三位，四川產菸最多，約佔全國四分之一，種菸面積約二百万畝，產菸二百八十万担，成都平原為產菸中心，本區以綦江、江津、巴縣等地稍有栽培，全區僅有菸田四万五千畝，年產菸葉六万担。

(一)性狀：

(1)菸草為茄科之一年生草本植物，莖根入土深，莖高三尺至七尺，表皮有絨毛，富於黏質。

(2)葉互生，卵狀，心臟形或披針形，兩面生絨毛，成熟時脫落，葉柄之有無，葉片之大小，形狀及多少皆因品種及生長情況而異，一株之中，以中部葉片較大，品質最佳，每株約有葉十八至三十片。

(3)花生莖之頂端，雙總狀花序，花萼釣鐘狀，花冠漏斗形，基部合成管狀，先端分為五瓣，花色鮮明，紅黃或白色，雌蕊一本，雄蕊五枚，同時成熟，行自花授精之機會較多，留種須套袋，以防雜交。

(4)果實為蒴果，二至四室，一室之中種子很多，腎藏形極小，全蒴約有二万七千餘粒。

28

（二）風土：

(1)氣候－茶葉原產熱帶，生長期間，最忌霜雪，雨量適當之區，好日光，宜種在向陽之地。

A 溫度：

(a)涼爽－葉大而薄，缺乏香味。

(b)溫暖－葉質肥厚，香味濃厚。

(c)炎熱－品質佳良，香味芬芳。

B 日光：

(a)強烈－香味芬芳，品質優良。

(b)不足－香味淡薄，品質欠佳，葉大而薄，葉肉嫩細，易罹病害

C 雨量

(a) 稀少——品质恶劣，菸叶之燃烧性不良。

(b) 适当——成质优良，菸叶芬芳。

(c) 过量——菸味淡薄，菸叶脆弱，易罹病害。

(2) 土宜——美菸宜种在轻松的砂质壤土，或称为油砂土中，排水良好，氮的含量不多，所产菸草叶薄，燃味芬芳，品质最优。土菸则宜栽种肥沃之黏质土壤，其味浓郁，品质较佳，如种美菸，则其菸叶过厚，菸味辛辣，品质低劣。

(三) 栽培

农业辅导手册 9-1-48（57）

29

(1)育苗：

A 苗床擇定南向，耕鋤後作畦寬三尺，高五寸至一尺，本田一畝，約需苗床三十方尺。

B 基肥施用乾豬糞，或菜子餅五斤，豬糞二十斤，加入土中，充分拌勻，耙平鎮压，即可播種。

C 播種時期在川西平壩多為二月上旬驚蟄前後，本區旱地柿茄，可在三月上旬驚蟄前後播種，先以清糞量澆水，再撒草木灰一層，以籽粒粘手，故種宜與草木灰或細砂混和，然後撒播，播種量不宜太多，每畝本田之苗床三十方尺，播種一至二克，約重三至六分。

D 播種畢再撒草木灰少許，以免種子暴露，然後蓋草，隨時洒水保持濕潤，約經半月，即可發芽。

E.苗出土後，除去蓋草，搭蓋蔭棚，前高尺半，後高一尺，上用草簾遮蓋，以防霜雪暴雨，天晴和暖之時，捲起草簾，雨天及夜於蓋上。

F.每日清晨及傍晚灑水兩次，幼苗生長期間，應隨時疏苗，最後定苗時株間相距一寸左右；如苗現黃色，應施用菜子餅水，以作追肥，使苗強壯，生長迅速，五月中下旬，苗高三、四寸，即可移植。

(2) 移植：

A.移植時期多在清明前後，早在三月下旬，晚至五月上旬，移植早蟲害少，但易遭遇霜害。

3

农业辅导手册 9-1-48（59）

30

B.菸田整地，耕犁三次，碎土築畦，畦宽四至五尺，高五寸至一尺，挖穴兩行，穴施基肥，畦邊開溝，以利排水。

C.移植前一日，苗床先灌水，拔苗少受損傷，移植宜在陰天，或在晴天下午四時以後，移植後三四天內須每日灌水一次，成活後隔五六日澆水一次，菸苗如有死亡，應隨時補栽。

D.定植菸苗，行距二尺至二尺半，株距一尺至一尺半，土肥宜寬，以免生長旺盛，葉片繁密，易罹病蟲害。

E.菸草密植則葉片肉薄，過密則煙味淡薄，過疏則葉片肥厚，煙味辛辣，普通每畝定植菸苗宜為一千八百株至三千株。

(3)施肥。

A、移植前穴内施用基肥，每畝約需糞尿三百斤，草木灰五十斤。

B、菜子餅單施每畝需用六十斤至八十斤，如同時用糞，每畝僅需菜子餅三十斤，分次澆水，多用以作追肥，最後一次宜在移植後三四十日。

C、菜子餅含氮頗高，不可多用，否則菸葉過厚，色澤不良，菸味辛辣。人糞尿使菸質發黑，燃燒不良，故亦不可施用。

D、草木灰含鉀質甚多，可以增進菸葉品質，並可減除病害，每畝需用四十至五十斤。

E、骨粉含磷甚多，可以促進菸草幼期生長，但如施用太多，則其葉片粗糙。普通每畝施用二十斤，留種菸株多施骨粉，可以促進種子發育。

农业辅导手册　9-1-48（61）

31

(4)中耕壅土

A 菸草移植後三四十日，經施追肥，菸株長大，宜行壅土，使菸株穩固，以免倒伏。

B 中耕除草則在壅土前後各行二三次，視雜草多少而定。

C 壅土後引水灌溉，普通三四次，宜在上午，不可過量，以濕潤土粮為度。

(5)摘心去蘖。

A 菸苗移植後五六十天，菸株頂端生出花序，宜行摘去，以免消耗養分，葉片生長不良。

B 每株菸草宜留葉片十四至二十不等，如需葉片薄，葉片淺，則宜多留叶芜，普通土肥而多留，土瘦而少則少留。

C摘心之後葉腋間蘗芽生長，應隨时除去，以免徒耗養料影响收成。

(6)留種採收：

A留種要注意選擇生長良好，無病虫害，且能保持品種特徵之芥株，不可摘心，令其開花，以便結實留種。

B留種之芥用玻璃紙或牛皮紙製成之紙袋，套在花序上，以免天然雜交混種，紙袋長一尺，寬六寸，套袋前檢查花序先將已開之花剪去，套袋後要隨時向上提升，以免花序生長，漲破紙袋。

农业辅导手册　9-1-48（63）

32

C.套袋後二十天左右，所結之蒴果漸多，可以除去紙袋，剪去花蕾及新發花芽，待其蒴果變褐，種子成熟，即可剪斷花梗，收回倒掛風乾，脫粒去雜，裝入袋內，藏於乾燥之處。

D.菸株移植後八九十天，菸葉自下而上，漸趨成熟，上中下三部叶片，可分三次至五次採收，先收腳叶，次收中叶，最後收頂叶，每次採收三四片，相隔四五天。

E.葉片已渾由綠變黃，或起黃斑，組織由脆變軟，葉上黏質減少，顯然成熟，即可採收。

下採叶宜在清晨早露未乾以前，摘下之叶，成排放入竹筐，搬回烤房附近，放於陰涼地方，不可曝曬陽光，留待調製處理雨後切勿耕作，以免[illegible]附[illegible]，[illegible]減少。

(7)病害：

A花叶毒素病—受病苗叶呈淡绿与浓绿相間之斑纹，叶片畸形、高低起缩不平，凝皱者，品質稍有好轉，影响產量不大，無損害，全株矮小，叶茎变形缩小，此病極易傳染，無藥可治，病株宜早拔除，可減病害蔓延，或选抗病品種，注意田間清潔。

B枯萎病—此病發生多在菸草將成熟時，菸株長大，天氣炎熱，突降大雨，此病最易發生，病株莖部近地面处，最先变褐腐爛，漸至全株叶片垂萎枯死，致使菸莖中空変黑，表面生有白黴，根部黑腐，病株易拔，連作菸田，蔓延最速，防治方法惟有选用抗病品種。

C防治病害：—要注意輪作，選擇抗病良種，採用無病種子，苗床燒土消毒，播種不可過密，施用鉀肥不可缺乏，拔除病株，注意排水。

(8)蟲害：

A土蚕：—又名切根虫或地老虎，色灰黑，晝伏土中，夜間或清晨出外齧食菸苗，發生缺株，三月至六月，為害期很長，防治方法可於清晨巡視田間，發現新倒菸苗，即翻開其根部附近土壤，捕殺幼虫，或用紅砒一份，麥麩二十五份，加飴糖一份和水製成毒餌，夜間撒佈田中，誘殺幼虫。

B、青虫：為菸草螟蛉之幼虫，色青，綠或雜花色，在菸苗移植後一個月左右出現，嚙食叶片及嫩芽，使叶片發生小孔，有時鑽入莖中，開花結菓時則入花中或菓內。防治方法：出現時可以捕殺，過多則用砒酸鉛或砒酸鈣一斤，和石灰兩三斤混合，用噴粉器撒佈叶片上毒殺。

C、蚜虫：虫体小，倒卵形，綠色或灰紅色，有翅或無翅，群集於幼芽或叶片上，吸取液汁，致使菸叶生長不良，同時分泌黏液，使菸質變劣，又能誘致煤病，傳播毒素病，為害極大。防治方法：可以噴射菸草水，或棉油乳劑。菸草水製法：是用乾菸葉一斤，水五斤煮沸，用時加清水十倍噴射，棉油乳劑配合

璧山四寶閣文具印刷紙號印製

22

6 栽培甜橙

柑橘原产西南部，四川气候温暖，栽培甚久，分佈亦广，据建厂二十五年调查，全省栽培面积七万亩，约计一六〇万株，年产柑桔一万万个，主要产区二十三县，以合川最多，年产四千五百万个，江津次之，三千六百万个，万县已县二千三百万个，三县总计约佔全省之半。

（一）形状：

（1）甜橙是一种有刺柑桔属的常绿果树，高约一丈左右。

（2）叶互生，长椭圆形，叶片上油胞有香气，

（3）初夏开花，有柄，萼片绿色，花瓣五片，白色，有多数雄蕊，雌蕊一枚，

（4）花纹橘果皮厚，有油胞，成熟时黄色或橙黄色，有特殊芳
香，肉瓤多汁，甘酸味美。
（5）红柑分布广，产量多，不耐久藏，易于腐烂，售价亦低，生产过剩
很难外销。
（6）甜橙又名广柑，其果实味甘美，易储藏，产地最为较少，亟
须待推广。
（2）风土：
（1）甜橙性喜温暖，最高温度不宜超过摄氏三十七度，最低温度
不应下二度，易受寒害，平均则以十五度以上最适。
（2）土壤以砂质壤土，排水佳良，又带微酸，保持水分者为佳。

鰲山四寶閣文具印刷紙號印製

23

(5)地势宜带倾斜，约十度至三十度以内，南向或东南向最宜。

(4)选择园地宜在背风之处，或置防风林以资屏障，生长期雨量可多，成熟期雨量宜少。

(三)栽培。

(1)育苗。

A.柑橘繁殖多用芽接或枝接，砧木可用酸橙、枸橘或柚类。

B.砧木种子採集后，不可使之过乾，可用层积貯藏，春日播种，苗圃畦宽三尺，株距一尺五寸。

C.芽接多在九十月，枝接则在翌年四五月，接木高度以离地六七寸为宜。

(2)移植—时期以在清明节前后，株间距离十五尺五十尺。

(3)中耕—每年中耕三次，第一次在二月，应耕后施肥；第二次在七月，耕锄宜浅；第三次在十月，耕深约三四寸，勤除草，幼树生长迅速后可行豆科间作。

(4)施肥：

A.树下施用之肥料普通为堆肥、厩肥、豆饼、油枯、人粪尿、草木灰等。施肥数量则因树龄而异，树龄二至三年，每亩约需施用豆饼五〇斤、骨粉九〇斤、草木灰三〇斤、石灰七五斤；幼树则宜多施绿肥，

B.施肥方法多在根际周围轮状开沟施后覆土，借护根株，石灰则在冬耕翻土时施下。

农业辅导手册 9-1-48（47）

24

c.施肥时期 每年多在秋冬二季，冬季或早春宜在发芽前，秋季则在六七月间

b.桔园如在山间坡地，每年夏季至少须灌水一次，以免蒸发流失遭受旱害

(5)修剪：

a.苗木依其自然发育於栽植前剪枝，干宜成半球状之树形。

b.柑桔发育极缓慢，修剪不可过多，密弱、病、枯之枝条，故宜剪去徒长枝及结果枝，亦需加以修剪，时期宜在三四月春暖发芽前。

c.疏果宜在闭花後以後，以免结果过多，树势衰退，当年果小，翌年又不结果。

D.甜橙须达七至十年结果，最盛时期则为三四十年，树势减弱时则须强烈修剪，

(6)採收，

A.甜橙成熟，色黄，候至十一月间可以採收，

B.採果宜用果剪，採后装箱或筐，不伤果枝，以免损伤

(四)病害：

(1)疮痂病：

A.柑桔在四五月发芽开花时期易生此病，雨季最盛（甚），发病部位在叶与新枝

B.病叶初生油状病斑，后成圆锥形疣状突起，变成灰白色或黄，

25

白色，葉面粗糙，葉變畸形，

C、幼果得病，呈茶褐色，腐敗而致落果，大果病斑与葉面同，中部突起，果形不正、

D、防除方法：被害果葉，剪除燒掉，發芽前及幼果期撒佈石灰硫二公升，但年多後四次

(2) 瘡痂病：

A、此病發生於柑橘之葉、枝、果實等部，幼嫩組織之被害尤甚，故發生時期多在新芽迸出生長之際，

B、葉面初生淡綠油脂狀斑點，後變淡褐，病斑中間有光，逐漸擴大隆起擴散而出，表皮破裂，木栓細胞組成黃色痂狀，梅雨時期蔓延最盛

C.此枝病發先，此後綠色表皮剝離後色變赤褐，在果上有圓形突起，周緣暗褐，外圍淡黃，表面初生褐色輪紋，以後漸變灰褐，表面有裂縫，現出潰瘍狀態。

D.防除方法：剪除病部，選用健全苗木，六、七、八月撒布三式斗波爾多液三四次，或用石油乳劑、亞砷酸鉛等亦可。

(3)綠黴病：

A.此病發生於二三月貯藏中之果實，氣溫、濕度高，病害易于蔓延，病菌多由果皮傷口侵入。

B.此病初起果皮軟化，漸呈褐色，生有白黴，後變青綠，病斑擴大，果實內外均受侵害，果實腐敗，發生惡味。

26

c、防除方法：注意摘果運輸，勿使受傷，貯藏庫所須用硫黃燻蒸，貯藏之前，宜用五倍食鹽溶液浸果三十分鐘，或用百分之二至三之硼砂溶液浸果五至七分鐘，陰乾貯藏，軟紙包裹，注意貯藏期中之温度與空氣流通。

（五）虫害：

（1）介殼虫：

A、白蠟介殼虫：或名吹綿介殼虫，為害最烈，七至十月吸食樹液，誘發煤病，葉實被害，變成黑色。

B、成虫腹部及觸角都有長毛，容易隨風飛散，附着他物傳播，故其蔓延頗廣，罹害亦大。

C.防治方法在冬季幼虫在卵之前，将其附近树皮剥去，或用油乳

剂十倍水冲淡後，但以氰酸气熏蒸最为有效，如芥菌、黑瓢虫或寄生

菌也可作天敌防治。

(2) 柑桔天牛：

A. 六、七月间成虫在树枝干基部產卵，幼虫孵化，先食树皮，侵入树干，

幼虫期长在树内侵害二至三年，始变成虫。

B. 防治方法在成虫發生时期，以石灰涂白树干，可防產卵，或捕殺

成虫，以铁丝钩出縯殺，或用棉花沾以硫及氰化物毒殺

(3) 甜橙果实蝇

A. 六月下旬至八月成虫產卵於果皮，幼虫在果内侵蚀，使果变黄，

农业辅导手册　9-1-48（11）

5

（八）病虫防治

防治害虫普通多用药械，有时需费人工捕捉，事前预防，比较更为重要，而作物轮作都能预防一种害虫的传染，为害提早或延迟播种，亦可避开害虫最猖獗的时期，冬季耕翻土中耕除草，保持田园的清洁，都能清除隐藏的虫卵和蛹，使其遭受霜雪冻死，或被禽鸟啄食，自然消灭，减少损害。

（一）主要害虫的防治

（1）菜青虫（菜白蝶）　为害十字花科的蔬菜，如甘蓝、萝卜、白菜、花椰菜等

[illegible]

两，加水二〇〇斤，喷射植物上，每亩用三至五斤，有效期七至十日。

B、鱼藤粉剂——鱼藤粉一斤与草木灰或黄土或消石灰粉九斤

充分拌和，在早晨露水未干时撒布，每亩用三至五斤，有效期七

至十日。

C、砒酸铅（钙）——砒酸铅一斤，加水二〇〇斤，甘蓝菜可加面粉半

两，黏性使药液容易黏着，每亩用药一斤，有效期七至十日。

(2) 黄条叶虫　为害十字花科蔬菜。

A、鱼藤肥皂剂——鱼藤粉一斤、中性肥皂七两，加水二〇〇斤，即

可喷射一亩，有效期五至七日。

B、鱼藤粉剂——鱼藤粉一斤，与草木灰或消石灰粉四至五斤，充分

藝山四寶閣文具印刷紙號印製

农业辅导手册 9-1-48（13）

6

拌和，在朝露未乾时，可撒佈一亩，有效期五至七日

(3)大猿叶虫（十字花科蔬菜

A.砒酸铅(钙)1砒酸钙一斤，加水二〇〇斤可喷射一亩，有效期十日内

B.鱼藤粉乳剂1鱼藤粉一斤中性肥皂七两，加水二〇〇至二百斤，可喷射一亩，有效期十日内

C.鱼藤粉剂1鱼藤粉一斤，加草木灰或石灰粉九份拌和，在晨露未乾时可撒佈二亩，有效期十日内

(4)蚜虫1蚜虫种类甚多，被害植物亦广，

A.鱼藤粉剂1鱼藤粉一斤，中性肥皂七两，加水二〇〇至

２０斤，可喷射一亩至二亩半，有效期十日内。

B、烟草水—烟叶一斤加水二十五斤浸二十四小时过滤後喷射。

(二)主要药剂之配制

(1)烟草水—防治菜蚜、棉蚜、桔蚜。

烟叶或烟茎一斤加水二十五斤浸二十四小时或煮开过滤即成。

(2)除虫菊皂液—防治苹果绵虫、茶毒蛾、松毛虫。

A、用肥皂二十二两切成碎片，溶于六斤热水中。

B、後将除虫菊粉十一两加入充分搅拌。

C、再加冷水十二斤搅匀後稀释一至二倍，即可应用。

鹽山四寶閣文具印刷紙號印製

农业辅导手册 9-1-48（15）

7

(3)巴豆乳液——防治棉蚜、菜蚜、
A、巴豆二两用布包放在二十两清水中，反覆揉出乳液（手上须涂凡士林穿衣戴口罩）、
B、再以碎肥皂二两溶於二斤热水中
C、倾该肥皂水於巴豆乳液中混和使用、
(4)棉油乳剂——防治棉蚜、菜蚜、
A、将石碱二两放一斤水中加热溶解、
B、再加切碎之肥皂十两使其完全溶解、
C、徐徐加入棉油四两，並须急搅，充分混合即成母液、
如用时加水稀释五十倍喷射、

(5)石油乳剂—防除绵介壳虫、红脂介壳虫、坚球介壳虫、象軍蚜
虫、蔷薇金花虫、金龟虫、象丸蟲、
A、先将二十斤水煮沸，加入切碎之肥皂一斤，使其溶解、
B、徐徐注入石油四十斤，竭力搅拌，使成白色黏稠之乳液、
C、施用时冬季加水七至十五斤，夏季加水二十至四十斤、
D、加水前先用二三倍之热水与母液混和，搅拌后再加冷水、
(6)松脂合剂—防除吹绵介壳虫、红脂介壳虫、坚球介壳虫、象
丸蟲、
A、先将碱粉三斤，溶于十斤热水中，加热煮沸、
B、再将松香碎粉三斤加入，同时搅拌，完全溶解，滤出清澤，

8

即成母液、

c、冬季喷射加水稀释五十倍，夏季加水八〇至一〇〇倍，

(7)石灰硫黄合剂——防治吹绵介壳虫，红腊介壳虫，坚球介壳虫，柑桔赤丁虫，梨星毛虫，

A、先用少量之水将石灰一斤溶解而成粉状，再将热水十斤倾入煮沸，

B、继将硫黄粉二斤倾入，同时用棍搅拌，煮至稍乾，即再加水，并将原有水量，

c、煮后三刻至一点钟熄火，使其沉淀，滤去渣滓，即成琥珀色之母液，

(8)波尔多液｜防治叶斑病及各种果树及蔬菜病害。

A、先将硫酸铜一斤，加入十斤水中，使其溶化，然后加水至五十斤

B、另将生石灰一斤，加水十斤稀释，适应加水至五十斤。

C、两种溶液同时倾入另一容器内，充分搅拌喷射。

(三)砒酸铅用法

(1)性状功能：砒酸铅为粉红色粉末，含金属砒毒百分之二十以上，水溶性砒素仅含百分之〇.二五，毒性强烈，对植物之药害极少，砒酸铅为标准之胃毒剂，专治一般咀嚼口器之害虫，例如蔬菜类之黄条叶蚤、树叶虫、菜蛾幼虫、菜粉蝶幼虫（青虫）、及守瓜、果树类之卷叶虫、象鼻虫、金花虫、金龟子，及其他食叶害虫、

9

害虫，

(2)施用方法：

A液用法：先用少量之水，加入砒酸铅制成糊状，然后加入其余水量充分搅拌或须过滤制成药液，随配即用，以喷雾器均匀撒布于受害作物各部，或用扫帚撒洒，同时须将药液不时搅拌，以免药粉沉淀。

砒酸铅可与其他药剂混用，如波尔多液、硫酸菸硷、毒鱼藤、DDT及B.H.C等接触杀剂混用，则同时可以除治咀嚼口器与吸收口器之害虫，若改进砒酸铅之粘着力及展着力，可参照土法，酌加粘着剂与展着剂。

B、粉用法—砒酸钙粉可用各种之适当填料附加物混合使用，例如硫土、硝石粉、硫酸钠、芋木灰或筛过之粉土等，调和时须使两者充分混合，最好混合筛过，于朝露未干时撒布之。

撒粉方法，可用布袋装盛或纱布袋撒，撒粉务求均匀，不必过量使用。砒酸铅之填料混合之重量比率为砒酸铅粉一份，填料二至四份。

施用砒酸铅时间与防治效力极有关系，普通最好于害虫未出现时施用，以资预防，如防治卷叶虫应在叶未卷起前使用，如害虫已发生，须用药剂除治时，则施于初次发现害虫时，即行施用，

(3)施用分量：

A 蔬菜类—砒酸铅专治蔬菜类各种咀嚼口器害虫，但对抵抗性

璧山四寶閣文具印刷紙號印製

农业辅导手册　9-1-48（21）

10

豌豆、蔬菜、小豆類、菠菜及甘藍、椰菜在心葉結球後，均不宜使用。液用分量為清水一〇〇斤，加砒酸鉛粉四至十兩，普通砒酸鉛一斤，加水一五〇斤，可施菜田一畝。粉用份量，是將砒酸鉛粉之填料混合篩過，每畝耕地用粉一斤半至二斤。

B.果樹類：1.防治果樹類咀嚼口器害虫，如金龜子、金花虫、象鼻虫、毛虫、尺蠖、食果虫、食皮蟲時均為有效，均以液用為便，普通用水一〇〇斤加砒酸鉛粉六兩，但對核果類如桃李杏等，可用砒酸鉛石灰液配合，其量為砒酸鉛一斤，熟石灰二斤，加水二五〇斤。

4.注意事項：

A.砒酸鉛毒力强烈，人畜切忌入口，施用後之殘剩及盛器，最好焚燒或深埋，以免牲畜誤食中毒。

B. 施用砒酸鉛後，即須洗手，所用之一切器具，亦須洗淨，凡用以撒佈之器具，不可移作別用。

C. 勿使砒酸鉛與皮膚過分接觸，如已接觸，即須洗去；凡施用砒酸鉛後，如未洗手，不宜進食或吸煙；撒粉或噴液時，宜避免吸入粉末或霧點。

D. 凡經施用砒酸鉛之菜葉，須用清水充分洗淨後，始可食用，未經洗滌之菜葉，不可喂飼牛豬雞鴨等家畜。

E. 蔬菜收割前十五日內，不宜施用砒酸鉛，果樹開花及成熟期亦不能施用，以免殘毒為害。

下硫酸铅应放置于乾燥地方，以免吸潮结块，配就之药，宜在当日施用。

(四)碱铜之用法：

(1)性状功能：碱式硫酸铜，或称碱铜，为绿色粉末，含铜约百分之五十二，与普通硫酸铜相似，但其含铜量较高，为最常用的防病药剂。对于苹果之腐烂病、炭疽病、樱桃之叶斑病、葡萄腐烂病、桃缩叶病、疫病、柑桔疮痂病、溃疡病、豆类炭疽病、番茄疫病、茄疫病、马铃薯疫病、番茄叶斑病等，均可用此药剂防治，功能与波尔多液相同。

(2)施用方法：通常有喷用法，与普通硫酸铜相似，使用时加石灰，及水，其比例为碱铜一斤，约为普通硫酸铜之半量，石灰二斤，加水二〇〇斤。

民国乡村建设
晏阳初华西实验区档案选编・经济建设实验
⑨

及至果樹噴射時，以碱銅液製成半日用完，將……不可放置兩
桶，加水至半分，别將石灰同時傾入另一容器内，充分攪勻後，並用噴霧
器撒佈，並須隨時攪拌，以免沉澱，樹林噴射，可於結果後二三个月
内，噴射三四次。
(3) 施用於量，視作物情形而定，普通以碱銅一斤至一斤半，配合藥
液二〇〇至三〇〇斤，可施用果園一畝。
(4) 注意事項：
A. 碱銅藥液需放在金屬器内。(5) 不能噴射於果樹之嫩枝部份。
B.C. 可与砒酸鉛混合施用，但不能与砒酸鈣合用。
D. 配就之藥液應當日施用。

璧山四寶閣文具印刷紙號印製

12

E.施药之后如遇大雨，应再补施一次，

F.药剂应保存于乾燥地方，以免受潮流块。

(三)单管喷雾器用法：

(1)单管喷雾器为喷射液体药剂之唯一机械，

(2)用时先将皮管喷杆及踏板装配完善，镙丝转紧，然后将吸筒插入装药桶内，徐徐抽动塞杆，药液即成雾状喷出，

(3)药液必须时加搅拌，以免沉淀或堵塞喷杆，抽动时不可用力过大，以免气筒或皮管爆裂，

(4)如发现喷药不畅通时，即为滤网或喷头堵塞，宜将各部拆散检查，清除再用

(5)用後必須用清水洗淨，並將噴粉器放置于乾燥之處，

(6)免銹蝕。

(七)手搖噴粉器用法：

(1)每具裝一紙盒，計有藥箱及蓋各一，搖管、弯管各一，直管四，扁管一，噴管二，共十二件。

(2)用時先將搖管接于藥箱，再接直管，次接弯管，最後接扁形管口、

(3)背帶二根搖好，交叉掛緊，左手握住箱前把手，右手搖動鐵柄，藥粉即可噴出。

(4)藥箱中可裝藥粉一至三斤，不宜裝滿，噴藥管宜接近植物，以免散失。

(5)噴粉宜保持[illegible]，藥箱及[illegible]管有藥粉阻塞宜用乾布揩淨再用

138

11 栽種蔬菜

蔬菜為人生一日不可缺少的食品，因為各種蔬菜的營養豐富，可以調和腸胃，促進食慾，幫助消化，清潔血液，不特可以壽身，更有經濟價值，栽種蔬菜，獲益很大。

(一)促成栽培——利用天然溫熱，或用人工加溫，可使蔬菜早期成熟，供應市場，提高售價。

(1)冷床——用玻璃框保護太陽自然的熱度來育苗，方法是做好一個木框，將框內泥土耙細，然後播種，上蓋玻璃，或漸聚太陽之熱有限，故其用途不大。

(2)溫床——除去利用太陽的熱力外，又加人工所生的熱力，無

把可以提早播種，提前成熟。方法也是先做木框，長方形，北邊
高，南邊低，中掘土坑，深約二尺，坑底做成饅头形，中央高，
北面深，南面更深，坑底先舖落叶一層，然後踏入馬糞，
再撓入糞尿少許，蓋好玻璃，過兩三天，表面再加細土，厚
約半尺，即可播种。

(二)軟化栽培：

蔬菜皆以柔軟多汁為貴，莖葉听其自然生長，則多
品質粗硬，如在植物生長期中使其蔭蔽不受陽光，葉綠
素發育停止，莖叶変成白色，而且柔軟多汁，鮮嫩
味美。

农业辅导手册 9-1-48（2）

1

48卷

(1)束縛軟化法：莖叶生長繁茂的時候，將菜莖葉攏，
用稻草束縛，使日光不能透入，內部葉變軟白，如卷心菜、
白菜等可用此法。
(2)培土軟化法：將菜種植在畦溝中，充分長大以後，用鋤把
積兩行中間的泥土，培蓋在菜根兩旁，使菜大部份三分之
一在土面上，不久下部的莖叶都變軟白，如韭菜、葱，可
用此法。
(3)圍板軟化法：夏季溫暖時，因用培土軟化容易腐爛，
可用木板圍在蔬菜兩邊，使其不見日光而軟化。
(三)貯藏加工

蔬菜采取之汁，不易貯藏，故以立即供食為宜，但為生產過剩，價格低落，欲求四時供應不斷，即需要在室内室外貯藏，或經加工裝罐。

(1) 貯藏環境：

A 不受外界氣溫的影响。

B 有優良通風的設備。

C 内部溫度低溫，但在冰點以上。

D 内部空氣不可過分乾燥，須常適度的濕潤。

(2) 選擇处理：

A 貯藏蔬菜必須健全，無病蟲及破傷。

2

B、未熟及過熟的蔬菜，容易腐爛，宜在適期採收。

C葉菜類含水分多，宜先適度乾燥，貯藏時不可堆積。

D.隨时檢查，遇有病虫，腐爛，趕早分開，以免蔓延。

(3)加工製造：

A.乾燥法—將蔬菜利用日光晒乾，或用人工加热烘乾，如烘青豆。

B.鹽漬法—將鹽加入蔬菜，使鹽分滲入，可以防腐，如醃白菜。

C.醬漬法—用醬或醬油浸漬蔬菜，味頗鮮美，如醬

黃瓜。

D.醋漬法—將蔬菜用鹽醃後，再浸入陳醋中，並加白糖

少許，如醋大蒜。

E.糟漬法—用酒糟浸漬蔬菜，如糟[illegible]筍。

F.糖漬法—用糖液浸漬蔬菜，如糖冬瓜。

(四)菜種推廣：

(1)甘藍—七至十一月，隨時可以播種，每畝約需種子二

兩，溼地育苗，宜用高畦，寬四尺，長隨意，仔細耕耙，

每方丈加腐熟堆肥三十斤，人糞尿十斤，表面加細土，條

3

2

播間距二三寸，撒播不可过密，覆土鎮压，盖草以防乾燥，發芽後間苗，株距一寸，播種後一月假植，株距二寸，定植畦寬二三尺，株距二尺，施基肥，勿傷根，追肥用人糞尿，中耕除草二次，秋播十一、二月收穫，冬播翌年三四月可收，每畝產量二三四千斤。

(2)花椰菜——七至十一月播種，肥沃而有適度溼潤之粘質壤土或砂質壤土最宜，土質过鬆，則難開花。

育苗畦寬四尺，長隨意，耕耙宜細，先施基肥，表面加細土，條播間距二三寸，覆土鎮压，盖草，三日至十日發芽，一月後苗長本葉二三枚時先假植，再移栽，行株距各二尺，每畝可種一、五。

○株，基肥多用堆肥，廄肥，油餅，草木灰，栽植後二十日及六十日，分次施用稀釋之人糞尿，中耕除草則於栽植後二十日及五十日行之，七八月播種者年內可收，十或十一月播種者，翌年三四月收穫。

(3)洋葱——九至十月撒播於輕鬆肥沃之苗床上，覆以細土，輕灑澆水，苗長約三四寸尺，移栽於輕鬆土中，行距一尺，株間四寸，以後施肥三四次，栽後約百日可以收穫，在收穫之前一二週，將嫩莖壓折，可以促進葱頭成熟，收穫後如欲貯藏，可先將葉莖成束，懸掛於空氣流通处，經久不壞。

(4)穗豐豌豆——九至十月直播，行間二尺，株間約一尺，點播

农业辅导手册 9-1-48（8）

3

每穴三四粒，覆土二三寸。本種蔓長達三四尺。明二三月间成熟，食莢，味鮮，粒大，下種时要多施堆肥及草木灰。

(5)雪裏蕻——九至十月播種在輕鬆肥沃之苗床，蓋覆細土，遇天氣乾燥，要隨时澆水，粗苗抽出四五片，移栽於輕鬆壤土中(稍帶黏性土亦可)。行間二尺五寸，株間一尺五寸，以後施肥多次，至十二月或明年一月即可收獲，乾製醃菜，味鮮可口。在生長期中，須注意蚜虫為害，可用煙筋水灑治之。

(6)黄包白菜——九十月或一二月撒播於輕鬆肥沃之苗床上，粗葉長出四五片時，移栽於砂壤或稍帶黏性壤土，行間二尺，株間一尺，以後施肥二三次，四十日至五十日後即可採食，葉黄時佳，在苗床及本土遇菜蚜及猿葉虫為害，可噴砒酸鉛防治。

（7）醃種榨菜——秋分至寒露撒播於輕鬆肥沃之苗床，覆以細土，遇乾燥，常澆水，稚葉長成四五寸後，移栽於沙砂壤土，或稍黏壤土中，行間二尺半，株間一尺半，施肥除草三四次，三個月後即可採收，醃漬食均佳，在生長期中，發現葉萎捲縮，即將出為害，可以菸草水噴殺之，間有毒素病為害時，宜將植株拔出毀滅。

（8）蕃茄——春季二至五月播種，每畝約需種子五錢至一兩，育苗之將泥土充分耕鋤耙細，畦寬三尺，長一丈，每

4

畝需三擔，各施人糞尿半担，草木灰二三十斤，充分混合，上蓋細土，四周溝，間隔四寸，播種覆土，鎮压蓋草，旱時澆水，六至十二日發芽，苗長一寸时間拔，長叶五六片时定植，畦寬二尺五寸，株距一尺五寸，掘穴栽植，略施糞水，每畝一千六百株。

基肥每畝約需堆肥八百斤，人糞尿六百斤，骨粉十斤，草木灰二十五斤，追肥於栽植後二十日及五十日，各施人糞尿三四百斤，加水一倍。

栽植後常除草，注意澆水，立支架，摘蘖芽，一百天即可收獲，每畝産二三千斤。

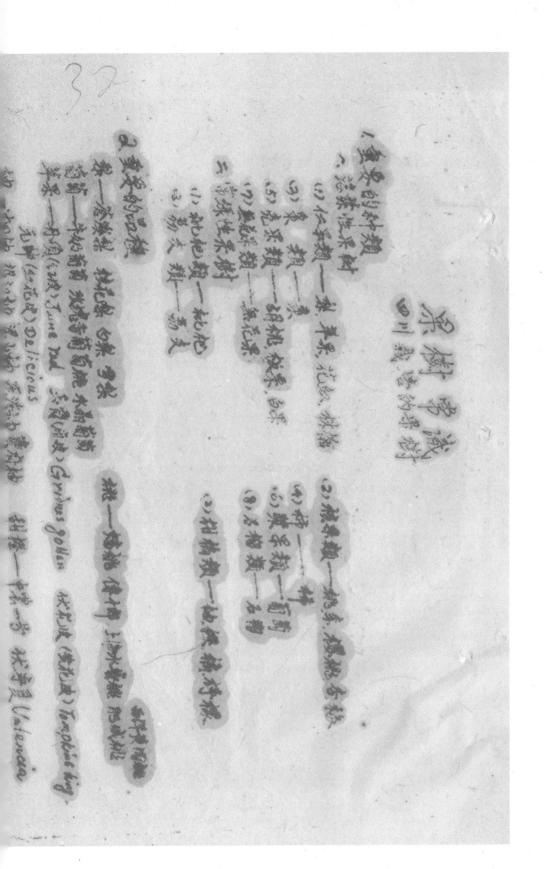

果树常识——四川栽培的果树、四川之甜橙、甜橙之栽培与管理、甜橙（广柑）储藏 9-1-71（64）

果樹常識

四川栽培的果樹

1. 重要的种類

一、落葉性果樹

(1) 仁果類——梨，苹果，花紅，林檎
(2) 核果類——桃，李，櫻桃，杏，梅
(3) 棗類——棗
(4) 柿——柿
(5) 殼果類——胡桃，板栗，白果
(6) 漿果類——葡萄
(7) 無花果類——無花果
(8) 石榴類——石榴

二、常綠性果樹

(1) 枇杷類——枇杷
(2) 柑橘類——柚，橙，橘，檸檬
(3) 荔支類——荔支

2. 重要的品種

梨——蒼溪梨 桂花梨 白梨 雪梨
桃——蟠桃 傳十郎 上海水蜜桃 肥城桃 西洋黄肉桃
葡萄——牛奶葡萄 玫瑰香葡萄 [illegible] 水晶葡萄
苹果——丹頂(紅皮) June red 金冠(黄皮) Grimes golden 伏花皮(黄花皮) Tompkins king
元帥(紅花皮) Delicious
柚——沙田柚 [illegible] 梁山柚 蓬溪柚 [illegible]
甜橙——中農一号 伏令夏 Valencia

3. 繁殖法

一、种类

(1)有性繁殖——种子实生法

(2)无性繁殖——扦插法 分株法，简取法(空中压条法) 嫁接法

二、优点

(1)无性繁殖法之优点——保持优良性质而不变

(2)嫁接法之优点——①保持优良性质而不变

②产生嫁接变异，使栽培上有利——如矮化，结果提早，丰产，品质增进等

三、接穗与砧木

甜橙——酸橙 甜橙　　桃——山毛桃，桃

4. 栽植及形式

一、时间——晚秋或早春

二、栽植整齐之利益

果树发育均一　果园中工作便利(如施肥、耕耘、採收、撒药剂等)

三、形式：正方形 长方形 三角形

四、三角形之优点：

光照充足

病虫害减少

土地更经济——在同一面积之内，正三角形栽植株数，比正方形栽植株数多11.6%

果树常识——四川栽培的果树、四川之甜橙、甜橙之栽培与管理、甜橙（广柑）储藏　9-1-71（65）

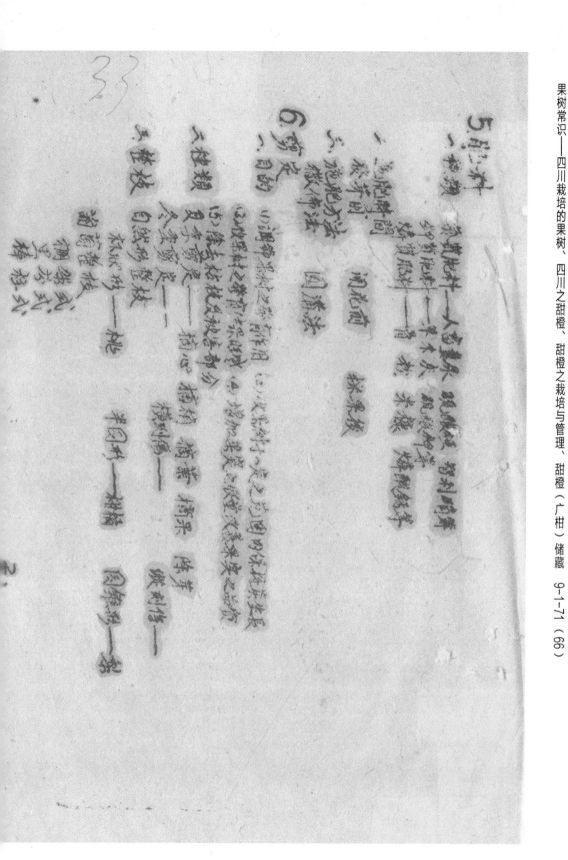

果树常识——四川栽培的果树、四川之甜橙、甜橙之栽培与管理、甜橙（广柑）储藏 9-1-71（66）

5.肥料

一、種類 氮質肥料——人畜糞尿 硫酸錏 智利硝等
鉀質肥料——草木灰 硫酸鉀等
燐質肥料——骨粉 米糠 燐酸鈣等

二、施肥時間
發芽前 開花前 採果後

三、施肥方法
撒佈法 圓溝法

6.剪定

一、目的 (1)調節果樹之發育作用 (2)使果樹于一定之范圍內保持其生長
(3)使果樹之發育結果旺盛 (4)增加果實之收量改善果實之品質
(5)除去枯枝及被害部分

二、種類 夏季剪定——摘心 摘梢 摘葉 摘果 除芽
冬季剪定—— 横刈傷—— 縱刈傷——

三、整枝 自然形整枝
杯狀形——桃 半圓形——柑橘 圓錐形——梨
葡萄整枝
棚架式
里芬式
棒柱式

果树常识——四川栽培的果树、四川之甜橙、甜橙之栽培与管理、甜橙（广柑）储藏 9-1-71（67）（68）

四川之甜橙

I. 甜橙之營養

1. 檸檬酸.
2. 果汁
3. 菓子糖.
4. Naringin Hesperidin
5. 橙甙
6. 鈣、磷、鐵.
7. 維他命 A.B.C.P.
8. 陳皮.
9. 香精
10. pectin.

II 世界生產概況.

1. 美國	54,259,000箱
2. 巴西	35,170,000〃
3. 西班牙	35,009,000〃
4. 中國	21,100,000〃
5. 意大利	19,560,000〃
6. 日本	10,453,000〃
7. 澳大利亞	5,700,000〃
8. 巴勒斯坦	4,500,000〃
9. 阿爾及爾	3,100,000〃
10. 南非聯邦	3,085,000〃
11. 敘利亞土耳其	700,000〃
12. 其他	59,153,000〃
共計	251,789,000箱

IV 我國之產況

1. 廣東	7,500,000箱
2. 福建	4,500,000〃
3. 四川	4,000,000〃

（第一頁）

4. 台 湾 2,600,000 箱
5. 浙 江 1,500,000 〃
6. 廣 西 500,000 〃
7. 湘,黔,滇,等 500,000 〃

共 計 21,100,000 箱

Ⅳ 四川產況:

a. 起 源

b. 年產量—— 約肆萬萬枚

c. 川橙與國外之比較

	美國花旗	廣東	四川江津
果汁量 %	35.7	58.57	48.64
可溶固体 %	12.8	16.5	15.6
含糖量 %	7.72	11.3	9.5
酸 量 %	1.02	0.91	1.09
vitamin C mgr/ac.	0.51	0.50	0.58
種子量 (粒)	2.7	6.5	22.90
果皮厚 (米厘)	0.35	0.33	0.47
果形指数	0.95	0.98	0.84

d. 四川甜橙之展望.

(1) 國内市場

a. 戰前進口 14,924,900 元

b. 廣東,閩已破壞

c. 市場之需要

美國人每年食量 58.7 磅

中國 〃 〃 〃 0.2 磅

福建 〃 〃 〃 1.5 〃

廣東 〃 〃 〃 1.1 〃

浙江 〃 〃 〃 0.4 〃

四川 〃 〃 〃 0.4 〃

(第2頁)

（第3页）

（2）可栽面積

（3）國外市場

e 四川甜橙之問題

A 生產：

（1）尚未臻專業経营

（2）肥料缺乏

（3）虫害

（4）更新

（5）大小年之調劑

（6）增加栽培面積

（7）品種改良

B. 加工

（1）果汁

（2）罐頭

（3）粉

C 運銷

（1）全年供應問題——儲藏

（2）運輸設備

（3）分級標準化

（4）銷售方式

果树常识——四川栽培的果树、四川之甜橙、甜橙之栽培与管理、甜橙（广柑）储藏 9-1-71（70）

果树常识——四川栽培的果树、四川之甜橙、甜橙之栽培与管理、甜橙（广柑）储藏 9-1-71（71）

甜橙之栽培與管理

第一節 栽培所需要的環境

(一) 氣候

(1) 氣溫 (2) 濕氣與雨量 (3) 日光及風

(二) 土地

(1) 土壤 (2) 地勢

第二節 栽培之實際方法

(一) 苗木之養成

(1) 砧木之選擇 (2) 砧木之培養法

(3) 接穗之選擇與運輸 (4) 接木

(4) 接木

A. 接木之適期 B. 接木之方法

(1) 枝接 (2) 芽接

(5) 苗木接活後之管理

(6) 苗木移植

(二) 苗木之定植

(1) 園地之選擇與整理 (2) 苗木之選擇 (3) 栽植方法

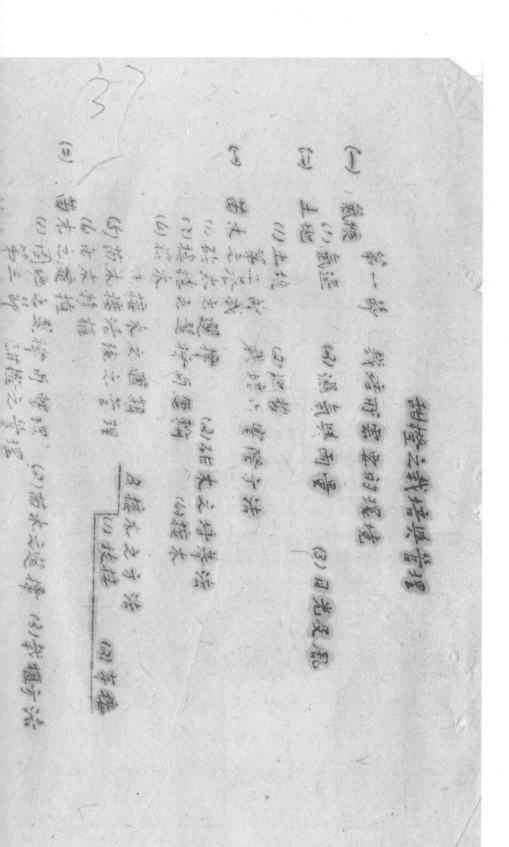

第三節 甜橙之管理

(3)修剪方法

(A)剪定时期

①早春剪定　②果实採收期剪定

(B)剪定方法

①幼年樹之剪定法

②成年樹之剪定法

(a)剪去病虫害枝條　(b)剪去各種枯枝

(c)剪去细弱枝及芟除密生枝　(d)剪截徒長枝

(e)剪去過低下垂枝　(f)結果枝之剪定

(二) 中耕与除草

(1)中耕之目的

(A)能改良土壤之組織　(B)能節制土中水分

(C)能增加有機物之作用　(D)能間接保護果園

(E)能除去土中各種雜草

(2)中耕之時期

第一次—早春二三月間当春季施肥後行之

第二次—夏末七八月間当雨量漸趨稀少時行之

第三次—初冬十月中下旬乃至十一月上旬之間当果实初着色之時為之

果树常识——四川栽培的果树、四川之甜橙、甜橙之栽培与管理、甜橙（广柑）储藏 9-1-71（72）

每次中耕之深浅度依下列情況略有不同
(A)與砧木種類有關 (B)與品種不同有關
(C)與土壤性狀有關

(三) 施肥
(1)肥料要素之性質
(A)氮素肥料 (B)燐鑛肥料 (C)加里肥料 (D)石灰肥料
(2)施肥量
(3)施肥時期及回數……施肥時期可分為三季
(A)冬季及早春採果後当即施以遲效肥料以補元氣
(B)果實受精後在幼果發育期間当施以速效肥料通常在四五月間
(C)結果枝分化時期内当施以速效肥料以培養充實之通常約在七八月間早熟种当較早晚熟种者較晚
(4)施肥之方法
(A)撒布施肥法 (B)壠間施肥法 (C)環溝施肥法
(D)間溝施肥法 (E)輪狀施肥法

果树常识——四川栽培的果树、四川之甜橙、甜橙之栽培与管理、甜橙（广柑）储藏 9-1-71（73）

甜橙（廣柑）儲藏

I 緒言：1.產量：

國別	12年前統計產量	現在估計增加%	現在產量
世界（柑桔類）	251,789,000箱	50% 125,894,500箱	377,683,500箱
中國（柑橘類）	21,100,000〃	10% 2110000〃	23,210,000〃
四川（廣柑）	200,000〃	30% 66,666〃	266,666〃

2.營養價值

ⓐ要素

(1)檸檬酸，苹果酸，單寧酸　(2)果糖　(3)果汁　(4)果膠

(5)礦物：鈣，磷，鐵，其他　(6)香精，香油　(7)維他命，A，B，C，D．

ⓑ提神解渴其他飲用

ⓒ充饑

ⓓ助消化

II 果實貯藏之目的

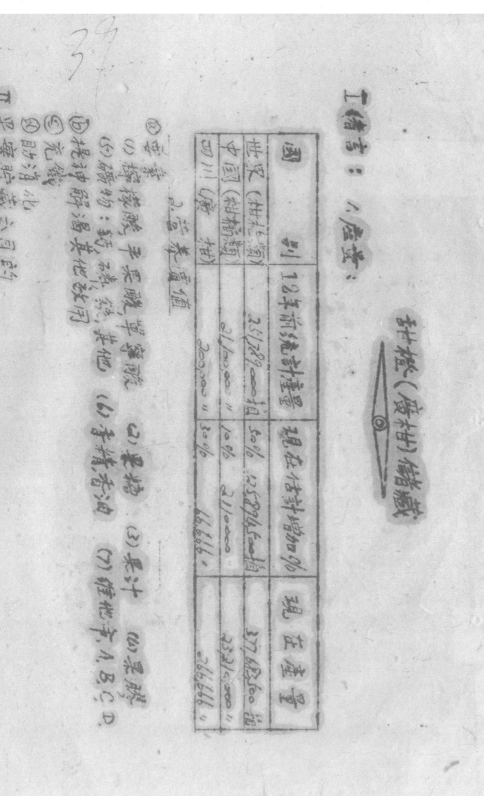

ⓐ延長供應時間

Ⅲ 果子採收後之物理及化學變化

(a)成熟時期之變化

(1)顏色 (2)果實大小 (3)果汁 (4)澱粉 (5)果糖 (6)果酸

(7)果實之新鮮度 (8)香味 (9)呼吸

(b)儲藏期內之變化

(1)顏色 (2)果重 (3)澱粉 (4)果糖 (5)果酸

(6)果實之新鮮度 (7)香味 (8)呼吸

Ⅳ 果實儲藏原理及條件

(a)果實呼吸作用 (b)溫暖 (c)相對濕度

(d)通风 (e)儲藏室衛生(消毒)

(Ⅴ)果實儲藏前应有之注意

(a)果實之成熟度

(b)無損傷破壞之處

(c)果面上無腐爛細菌(洗果)

果树常识——四川栽培的果树、四川之甜橙、甜橙之栽培与管理、甜橙（广柑）储藏 9-1-71（73）

果树常识——四川栽培的果树、四川之甜橙、甜橙之栽培与管理、甜橙（广柑）储藏 9-1-71（74）

四川甜橙殺菌消毒成績比較表

（貯藏期27年12月至28年4月底）

處理號數	殺菌消毒劑	處理方法			貯藏四個月後成績比較（百分率）		
		溶液濃度	溶液加熱（攝氏）	處理時間	完好果實	腐敗果實	因生理變化而敗壞之果實
1	無處理				28	50	22
2	硼酸水	3%	40°C	3分鐘	60	31	9
3	同上	3%	未加熱	3分鐘	70	26	4
4	同上	3%	40°C	5分鐘	82	17	1
5	同上	3%	未加熱	5分鐘	74	20	6
6	同上	5%	40°C	3分鐘	70	22	8
7	同上	5%	未加熱	3分鐘	70	16	14
8	同上	5%	40°C	5分鐘	68	18	14
9	同上	5%	未加熱	5分鐘	68	24	8
10	硫酸銅水	1%	未加熱	3分鐘	68	32	0
11	同上	1%	同上	5分鐘	62	26	12
12	同上	3%	同上	3分鐘	68	24	8
13	同上	3%	同上	5分鐘	60	30	10
[illegible]	碳酸銅溶液	[illegible]	[illegible]	[illegible]	[illegible]	[illegible]	8

五 甜橙储藏室之种类

(a) 人造空気儲藏室

(b) 冷気儲藏室

(c) 通风儲藏室

(d) 地窖儲藏室

(e) 地下室儲藏室（家庭用）

(f) 地板（普通房屋）

果树常识——四川栽培的果树、四川之甜橙、甜橙之栽培与管理、甜橙（广柑）储藏 9-1-71（75）

(c)包装容器之种类： ①木桶（广东福建）
②竹箩（四川） ③标准木箱（尺寸：11½×11½×24吋；12×12×24吋）

(d)包果纸 ①纸张之条件
(a)坚固 (b)美观 (c)便宜 (d)无恶味
(e)大小厚薄颜色质料划一
②包果纸种类
(a)砂纸 (b)腊纸 (c)油纸
③用包果纸之目的
(a)减低蒸发呼吸作用 (b)阻止细菌之散布
(c)延长果实寿命 (d)增加美观
(e)减少装箱时果柄之刺伤 (f)标记用途

四 装箱 (a)垫裹纸 (b)凸顶 (c)钉盖

五 运输 (a)工具 ①轮船（需有冷藏室） ②火车（需有冷藏车箱）
③汽车（需有冰箱） ④木船（四川）
⑤人工挑运（中国）
(b)出货：需经过预冷处理
(c)卸货：需即进货栈

六 销售 (a)批发（拍卖或标卖）

等級	每箱枚數	甜橙橫徑（英寸）		箱中排列法（一种）
		最大果實	最小果實	
超特級	96枚	3寸16分之11	3寸16分之6	三枚四排四層
特級	112枚	3寸16分之10	3寸16分之5	二排三枚二排四枚共計四層
甲級	126枚	3寸16分之8	3寸16分之3	二排二枚三排三枚三層三排二枚二排三枚五層
乙級	150枚	3寸16分之4	3寸	三枚一排[illegible]層三排計五層
丙級	176枚	3寸16分之2	2寸16分之14	四枚二排[illegible]排六層三枚三排[illegible]層
丁級	200枚	3寸	2寸16分之12	四枚五排五層
戊級	216枚	2寸16分之14	2寸16分之10	三枚六排六層
己級	250枚	2寸16分之12	2寸16分之8	三枚三排四枚三排六層
庚級	288枚	2寸16分之10	2寸16分之2	四枚六排六層
辛級	324枚	2寸16分之8	2寸16分之4	五枚三排四枚三排計六層

甜橙之加工利用

工 優良果實之加工利用

(a) 果實之裝罐（糖，罐，冰凍）　　(b) 鮮果汁裝罐

(c) 果粉（裝糖，罐，硬紙盒）

改良稻种栽培须知　9-1-77（185）

123

改良稻種栽培須知

一、來歷及育成經過

（一）「中農四號」

「中農四號」為中央農業實驗所在四川選育所得之中稻純系原種，係湖北臨湘之「欽腳早」二十七年起參加各種試驗，證明其生長優良，不倒伏，成熟早，產量高，三十二年起在北碚璧山巴縣永川合川等地舉行示範，成績均優異，平均每畝較當地種增產百分之十五左右，勝利後在蘇浙皖等省亦受農家歡迎

二、重要特性

「中農四號」成熟早，較當地中熟稻約可提早五天左

需較多此外植料中高葉鞘籽尖紫色穗形中密米質中等均為其特性

三、作業要點

播種時間及播種方法與本地種全同惟播種量宜稍多秧田期約六十五天秧苗長達五六寸時移栽本田栽法與疏密亦與本地種同惟本品需多栽三四根中耕時間次數亦同本地種第一次中耕後可略施肥料其生長期共約一百十餘日注意勿使與其他種種子混雜收獲前須嚴行淘汰劣株以保種子純潔從全

四、適應區域

中農四號不擇土壤適應性特強以川東川北一帶丘陵地區最為適宜巴縣北碚璧山合川銅梁一帶均宜

改良稻种栽培须知　9-1-77（187）（188）

栽培

（一）"中農卅四號"

一、來歷及育成示範經過

"中農卅四號"亦為中央農業實驗所在四川所育成，原種係浙江之"半早稻"。二十八年起開始經各種試驗，成績極佳，產量恒列第一位，平均每畝較當地種增產百分之二十五以上，證實為一豐產之優良品種，勝利後在蘇皖各省示範成績亦佳。

二、重要特性

"中農卅四號"具有早熟豐產米質優良三大優點，其成熟期與"中農四號"相若，產量極高，每畝達七百二十斤，米質亦甚佳，谷粒較短，適宜機器碾舂，此外之優點尚有

[illegible]

[illegible]

地易罹病害故必須種於肥田

三、作業要点

與中農四號相同下種量與栽秧株數均需要較多留種時應注意拔除病株

四、適應區域

川西平原及川東區肥田最為相宜

（三）湖農勝利秈

一、來歷及育成示範經過

勝利秈為湖南省第二農事試驗場選育成功之早熟的中稻品種可作兩季谷之第一季早稻種三十一年在北碚合川璧山一帶示範栽培生長甚佳平均每畝較當地種增產

改良稻种栽培须知 9-1-77（189）

約百分之二十以上，勝利以外在溫江各處推廣亦獲好評

二、重要特性

勝利仙穗子甚長，產量高而穩定，且品質優良，較早熟，全生長期約百二十日，耐旱，不擇田，能避免螟害病害，糙米率高，稈雖硬，肥田仍有倒伏，選田以中等肥田為最適宜。

三、作業要點

播種、移栽、中耕等之方法、時間、次數與本地種相同，且不必特別施肥，八月中旬即可收穫，收獲前亦應嚴行去劣，保持品種純潔。

四、適應區域

適應性強大，不擇土質，在北碚、巴縣、璧山一帶已證明均宜，可以普遍推廣。

7

介紹良種南瑞苕

一、來歷及育成經過

南瑞苕原名[illegible]產於美洲，於民二十九年春由美國寄林[illegible]農事試驗場引進，當由中農所與川農所合作進行品種純化與品種觀察及品種比較試驗，第一年在成都繁殖觀察生長情形特佳，三十年正式加入品種比較試驗，在遂寧及成都兩地分別舉行，產量均為各品種之冠，三十一年復增加綿陽、瀘縣、合川三地試驗，三十二年除繼續在各地試驗外，並舉行示範栽培，結果均佳，深為農民歡迎，三十三年乃在北碚等地擴大示範，並舉行初步推廣，同時定名為南瑞苕，取其與原名諧音，更以甘藷為南部諸省重要作物，此項優良品種之介紹，或可為彼方之瑞，是其含義也。

二、重要特性和優點

[illegible]

(六)莖：莖粗壯為綠色帶微毛節部甚短節部以紫色

(七)葉：葉緣齒狀或全緣葉片正面有毛背面微毛或光滑除葉片與葉梗連接處為紫色外餘均綠色葉梗有微毛

(八)块根：藷成紡錘形大小為中型外皮為黄色外表光滑或帶脉纹肉部深黄色雜以橙色

南瑞苕之優点與本地種并有顯著之差異

1.產量：產量極高并甚穩定在逐縣試驗產量最高者每畝可達三千五百斤歷年在華陽、雙流、達縣、大竹、開江、巴中、綿陽、遂寧、合川、瀘縣、及北碚等地試驗與示範結果均高於當地品種例如三十六年最低產者超過當地種百分之六二六三最高者達百分之八〇〇.九九平均高產百分之三九四二

三十三年總果最低者高產百分之八九六五、最高者為百[illegible]叁、八九平均超出百分之四九八

2.品質佳：糖分甚高粗纖維極少味佳

南瑞苕简介 9-1-93（14）

3、抗旱耐肥：適於肥土生長，產量特豐，因莖桿粗壯，遇秋旱為害受影響較輕。

4、早熟：成熟期中含水分少，易於貯藏。

5、宜於飼料：莖粗葉大，粗纖維含量少，可作飼料，適合農家需要。

三、適應區域和示範成績

南瑞苕自二十九年由美引進起至三十三年止，川西、川東、川北各縣合川、遂寧等十二縣試驗示範，結果成績優良，適應性頗大。因具有上列各項優良特性，故農民間栽培者已散佈甚廣。例如北碚、合川兩地自三十二年開始示範推廣，民間已普栽甚廣。南瑞苕之在北碚市場價格恒較當地種高出兩成，至於南瑞苕本身之優點與市場價格之利，激如更有地方行政機關、鄉村建設之工作人員加以提倡，則普遍推廣實為易事，而裨益於農民者至大。今後育苗務栽收發貯藏及整理中耕除草施肥等，則可參照農家方法。

姜良添鼎編

南瑞茗简介　9-1-93（14）

华西实验区人员张立春所撰《合作社怎样实现计划经营》 9-1-102（178）

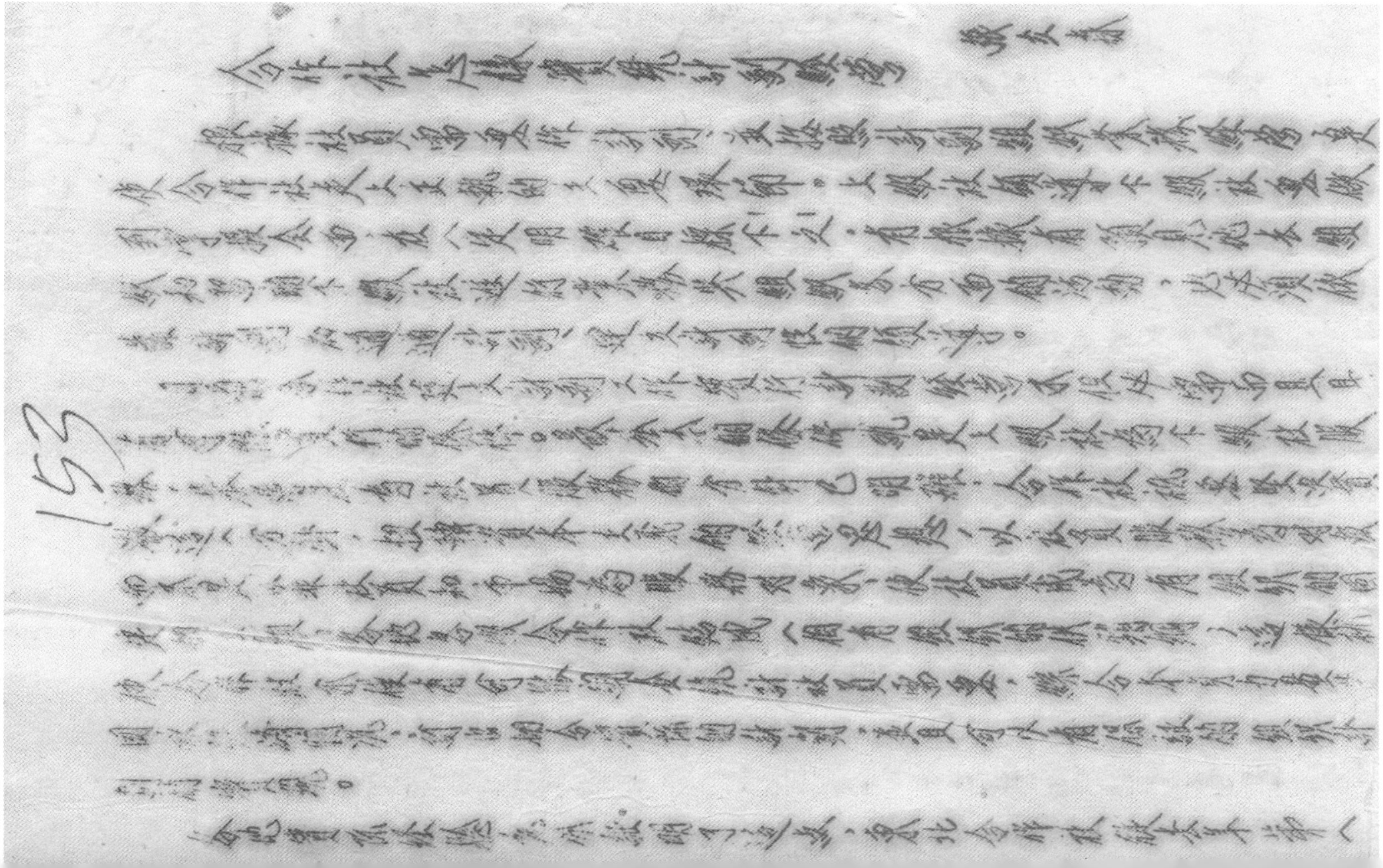

合作社怎樣實現計劃經營　　張立春

根據社員需要作計劃，再按照計劃組織業務經營，是使合作社走上正軌的主要環節。上級社領導下級社要做到[illegible]，有根據有領導地去組織和幫助下級社進行業務、組織各方面的活動，也必須依靠計劃和通過計劃，這是計劃性的領導。

目前[illegible]合作社還沒有計劃[illegible]，[illegible]不但[illegible]而且[illegible]的條件。最[illegible]的條件就是上級社為下級社服務，[illegible]為社員服務的方針已明確。合作社就要堅決貫徹這個方針，根據資本主義的經營思想，以社員服務為對象而不是以[illegible]社員和市場為服務對象，使社員成為有組織的[illegible]合作社[illegible]，這樣就使合作社[illegible]計劃社員需要，聯合[illegible]因此[illegible]，[illegible]計劃，[illegible]有[illegible]組織計劃[illegible]。

[illegible]這點，東北合作社[illegible]

划有少困难，农村有许多缺点和问题，但在实际上个级社的大伙都参加的发展业务经营的组织性与计划性，大多是起了作用的。以往统合计划经营来说，已创出了[illegible]百分之八十以上的社都能拟订预算收支，并且编造出了全年计划，完成百分之九十以上的资金的了预测资本数额，[illegible]，目前各地区的计划经营也[illegible]，根据以上的事实，我们可以肯定合作社制订计划[illegible]的办法是可以的，凡是人员，只要服从社员的要求，是力便使计划实现的合作社，在农业方面就减少了盲目性，增强了计划性，并且在实行的过程中，经过一次一次的检查全面的总结，每年月报在十次以上，就是个别的[illegible]，由此可见，在目前合作社各方面各种必须实行计划经营的问题，而是如何在现有条件下，克服困难，有效的建立合作社计划工作的问题。

八、在现有条件下怎样做计划

合作社编制计划的根据，必须要根据社员需要与[illegible]，要在经济上服从[illegible]，就必须要进行系统的调查研究。其基本社可提出由社员进行讨论调查，或动员社员小组讨论，提出需要计划。我们合作社是要提供本社的若干实际社员，力的能

华西实验区人员张立春所撰《合作社怎样实现计划经营》　9-1-102（179）

华西实验区人员张立春所撰《合作社怎样实现计划经营》 9-1-102（180）

154

數字，大多數是人類合作社各种農業產品。正由於這一種資金是在
農民來說，就是非常需要的，但是長期處在休眠狀態的
大的農村就存在着，使各個農民來說是很小的，使合聯
中國農村雖然是農國，但因於農業生產的季節性，在農
產品前開展合作社之作的主要環節的另一個原因。
業都是人之人的農業都是之專業的。這就是供銷合作社何以
商業是人要財政以及人業資本來發展的，但在小商品經濟中商
人因於向各發展生產，所以向各提倡供銷。因為在近代的生產上
無合作社的發展，所以說重要，以發商品。正由於要重農，所以要重視
商經濟以後，所以合乎人類需要「重農輕商」。需說不能「重
的以商業需要不能不能發展生產合作社，反而限制了生產
工商人；商品隨着生產合作社的發展也就發展了商業資本。這樣
人為生產合作社的方式，這就是人一切交易都必須通過
不會說，人今天採取「重農輕商」的觀點忽視供銷合作社
的結果很容易被生產擴大，雖以發展，有時還會使生產
而忽視供銷，沒有適當合理的聯繫，或者說脫回生產的價值
這是人為適當的交易聯繫，了生產的價值，但如果只注意生產

時和新的貸款條件相結合，發展農村生產力。這就是農村中的擴大社網，可能通過供銷合作社總的支持，這就使它有可能利用新的技進一步組織起來。同時因為它本身就集中了鄉村的資金、支而因乎生產能增加，就使它處在極有利的地位，將農村各種生產組織供銷，就擴大了銷路，因而對農村生產，就發生了推動作用。生產，因為它減除中間剝削，就增加了農村中的財富，因為通過它度又不是只對大的，而是領導類似發展農村生產的。它既能通由於有商業資本對他們所起的作用完全不同。供銷合作社與生種鄉村合作社在農村中，對於農業，副業，手工業生產所起的作供銷合作社，才能徹底完成。國內的消滅封建，建立糧食工業，還必須通過合作社，首先要向小生產方向來，使大部分農民是農業的，但經營着複雜農業經濟的道路，消大為消滅封建，因為還有相當強大的資本主義前期的商業資本發展。大地改革只是在基本上消滅了封建，要沒有在經上消滅商業資本主義，使他們在消滅地主之後在經濟上又獲得進豐收時間，因而就在相當程度上改善了農民和小生產者的

第十四頁

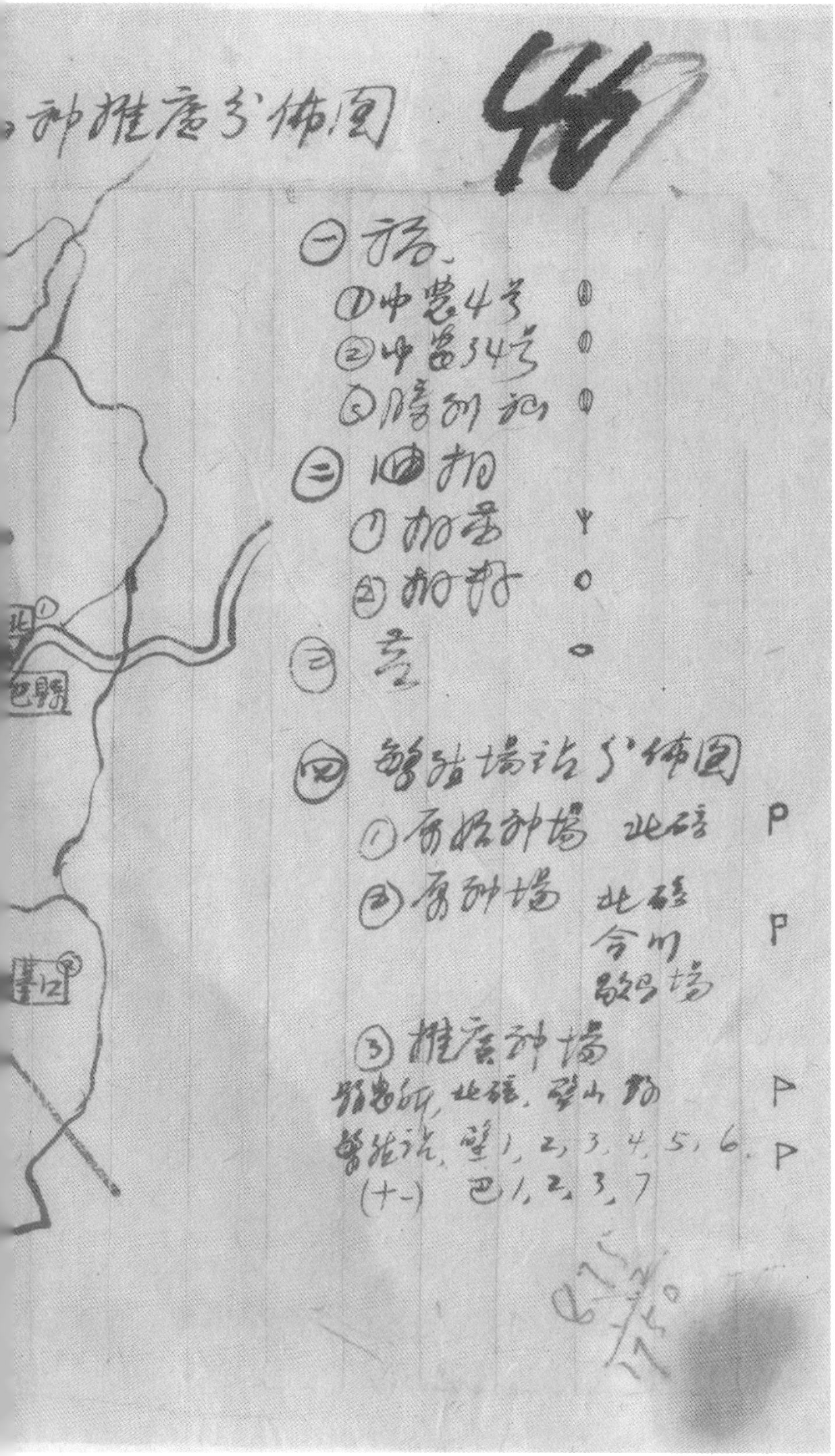

华西实验区农业组稻种推广分布图　9-1-116（83）

华西实验区农业组稻种推广分布图　9-1-116（83）

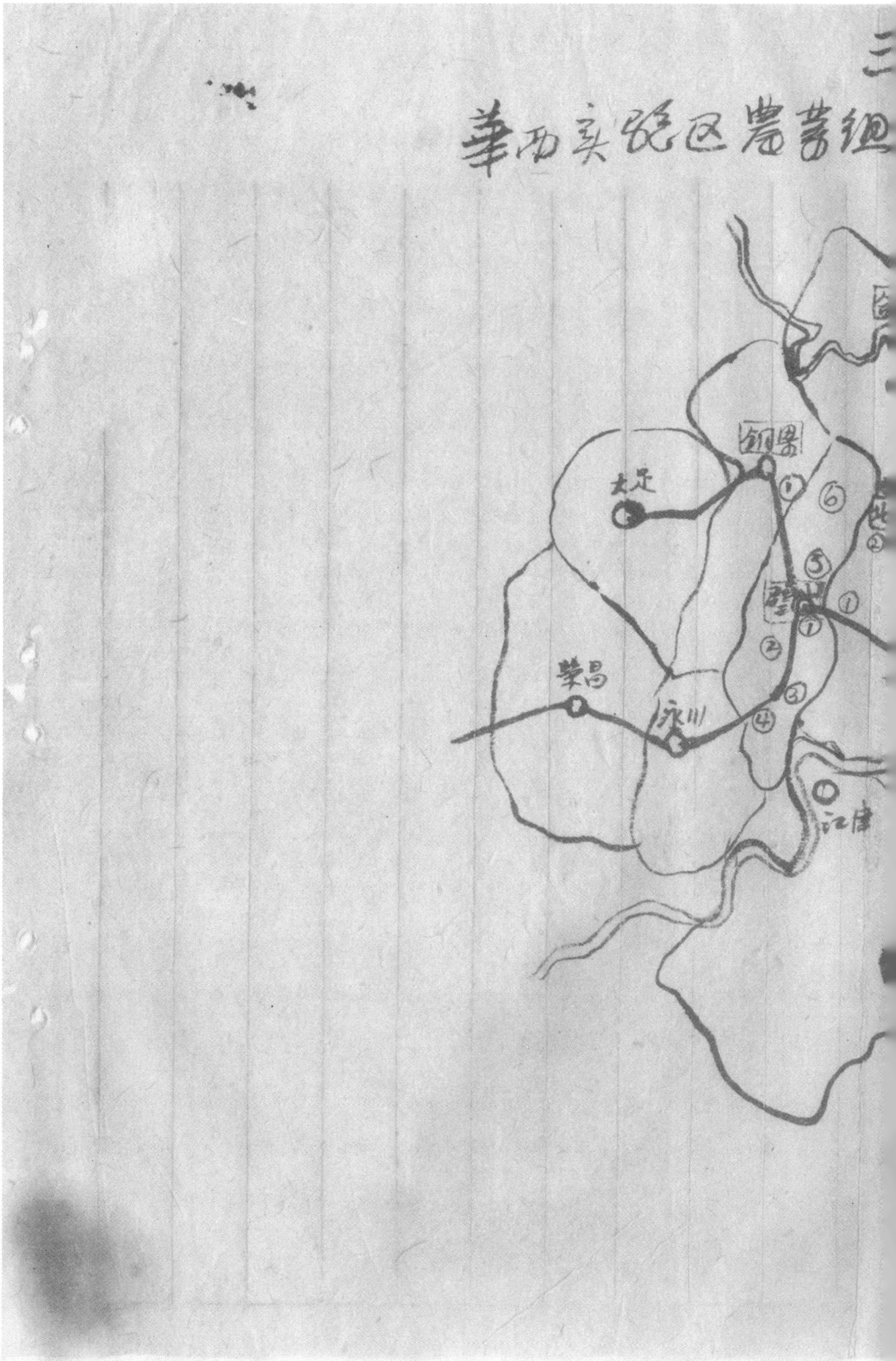

水稻硫酸铵本田示范记载表 9-1-116（85）

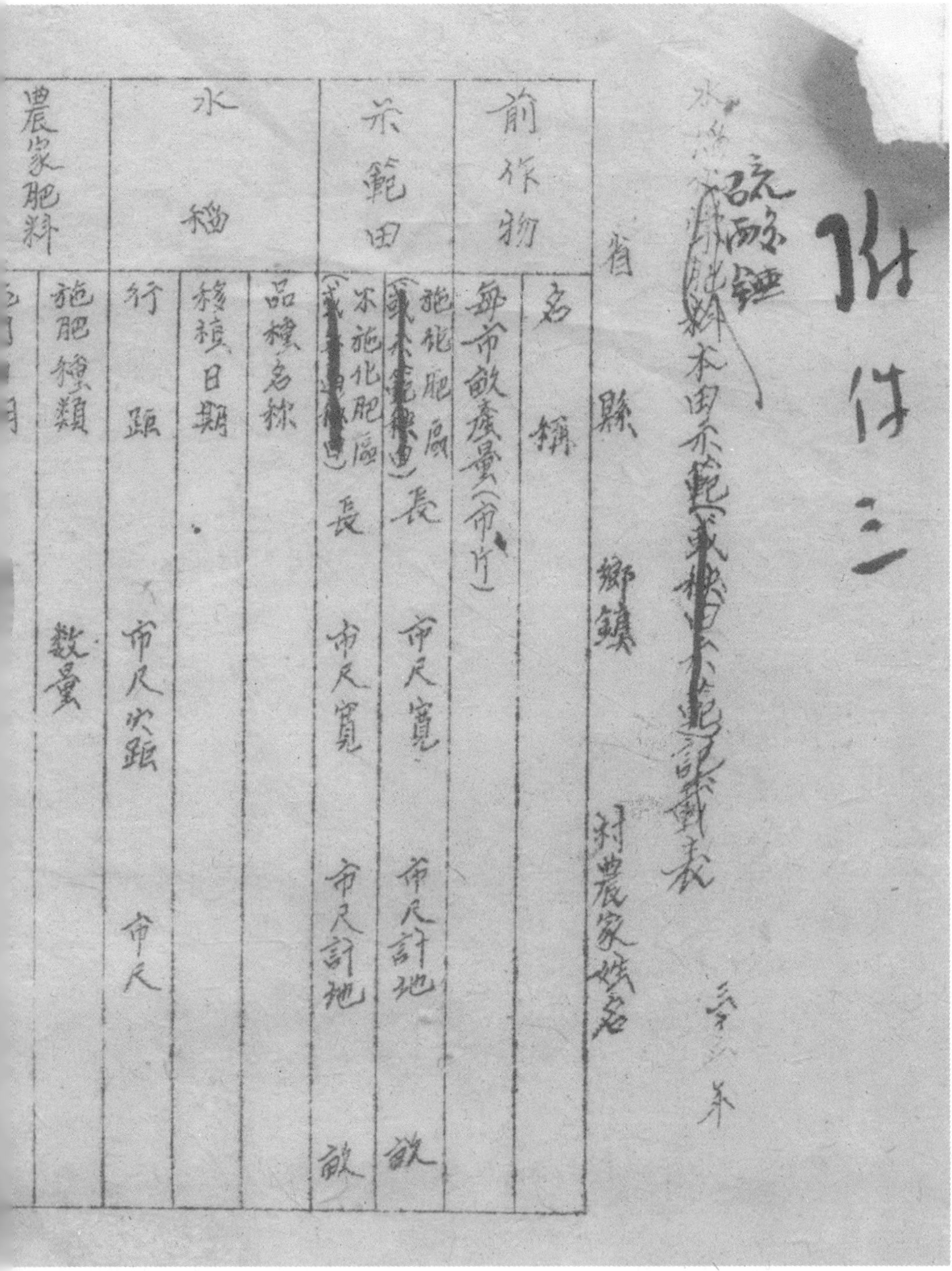

附件三

水稻硫酸錏肥料本田示範記載表

省　　縣　　鄉鎮　　村農家姓名

前作物	名稱	
	每市畝產量（市斤）	
示範田	施肥區長　　市尺寬　　市尺計地　　畝	
	不施化肥區長　　市尺寬　　市尺計地　　畝	
水稻	品種名稱	
	移植日期	
	行距　　市尺　穴距　　市尺	
農家肥料	施肥種類　　數量	

石硫安…		施用日期（或秧田示範秧田）			
生長情形及記載日期	施化肥區（或本田示範秧田區）	高度	色澤	病虫害	成熟期
	不施化肥區（或本田連秧田區）	高度	色澤	病虫害	成熟期
每（百穴）水稻產量（市斤）	施化肥區（或本田示範秧田區）	穀重	稈重		
	不施化肥區（或本田連秧田區）	穀重	稈重		
備註					

註：本表可兩用，作本田示範用時，可劃去括弧內（或秧田示範）字樣；作秧田示範時此項記載表須具備兩份，註明一份為秧田記載表，俟秧田及秧苗生長記載之用，一份為本田記載表，俟秧苗移植本田後繼續株生長及產量記載之用。

85

水稻硫酸铵示范实施办法 9-1-116（84）

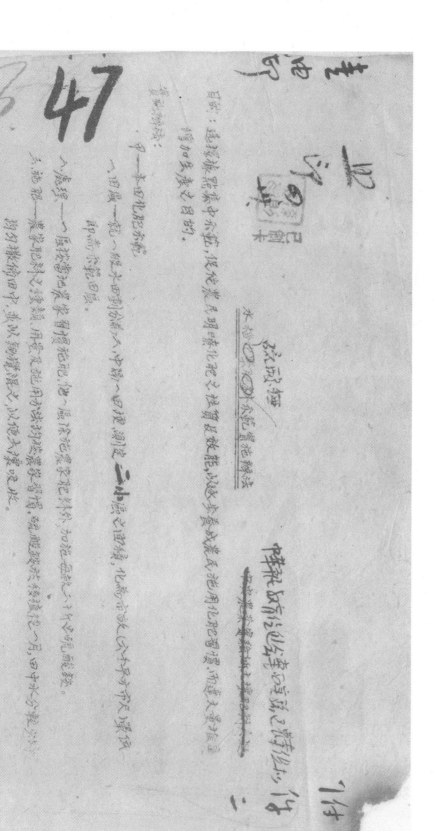

附件二

中華平民教育促進會華西實驗區經濟組

~~中央農業實驗所土壤肥料系~~

水稻硫酸錏示範實施辦法

目的：選擇據點集中示範，促使農民明瞭化肥之性質及效能，以逐步養成農民施用化肥習慣，而達大量推廣增加生產之目的。

實施辦法：

甲——本田化肥示範

一、田區——就一般水田劃分爲二，中隔一田埂，測定二小區之面積，化爲市畝（六千平方市尺）單位，即爲示範田區。

二、處理——一區按當地農家習慣施肥，他一區除施農家肥料外，加施每畝二十斤之硫酸錏。

三、施肥——農家肥料之種類、用量及施用方法均按農家習慣，硫酸錏於移植後一月，田中水分較少時均勻撒佈田中，並以腳攪混之，以便土壤吸收。

四、管理——一切操作與一般水稻栽培同。

五、記載——另見記載表。

蒸制骨粉常识　9-1-219（94）

79

蒸製骨粉常識

一、何謂「蒸製骨粉」：將生製骨（豬、牛、羊、雞、鵝）置入特製之蒸骨鍋內，用蒸氣（蒸汽）通入，高氣壓之水蒸器蒸煮六、七、八小時，脫去骨中油分後，放入特製之烘爐內乾燥，再用機器磨成細粉，是即「蒸製骨粉」，可以作農田肥料、家畜飼料、工業原料、人類補助食料之用。

二、蒸製骨粉主要含些什麼？：蒸製骨粉經化學分析的結果，含磷最多，一百斤骨粉含二十三斤，含的氮有四斤。每百斤含的氮比人糞尿多二十斤，比油枯（菜子餅）才少二斤，即一百斤骨粉所含的氮可抵人糞尿四百斤或油枯六十斤，但是每百斤骨粉所含的磷比百斤人糞尿所含的磷多二十六斤半，比油枯含的多二十斤，即一百斤骨粉所含的磷要八十斤油枯或四五百斤人糞尿才能比得。

三、蒸製骨粉就比其他好些：蒸製骨粉既含高度的磷，又含多量的氮，肥分又相當的多，既可當作肥料用，又可作飼料，人可以得到長久的供應，不會有缺乏。普通用人力打碎的骨碎及用火燒的骨灰、骨炭等，肥效都不及蒸製骨粉好得多，骨碎顆粒粗大，富含油分，腐爛不易，效力自然很慢；骨灰或骨炭是由骨燒成的，每百斤骨燒成後只剩三十斤左右，故其有機質與氮肥所含的，又因為高熱受了損失，故骨灰雖可當肥料，效力卻不大。骨粉就含有氮，又含多量的磷，又最容易被作物所利用，肥效也快，肥料之大，無物可比，就是骨粉

肥料之要，盖有机肥料之缺点，在多偏于氮素，其功效多能促进茎叶，[illegible]三要

四、骨粉与作物的关系：无论何种肥料，其主要的成份不外含氮、磷、钾三大要素，磷是作物结子、长实的根本，以及润光籽实、促进成熟不可缺少的要素。[illegible]因地内含磷甚少，而作物[illegible]，作物常感不足，以致收获物的减少，又或磷肥的缺乏。我国农田施用肥料，[illegible]，而西北土壤[illegible]缺乏[illegible]，利用磷肥的很少，而普通肥料中含磷量又不多，施用的磷肥[illegible]，磷质日感缺乏，需要增加。骨粉是一种含磷的肥料，含磷甚多，可以供给作物需要，根部发达，分蘖多，生长良好，结果繁多，成熟提早，收量增加，[illegible]。我国农田水利缺乏，施肥为必要，骨粉[illegible]必要[illegible]。

五、作物缺磷肥现象，一般的现象是[illegible]：

1、[illegible]的土壤大多成为酸性，[illegible]，[illegible]叶色[illegible]。

2、植株矮小，[illegible]，叶片[illegible]，[illegible]紫色[illegible]古铜色，以后叶片[illegible]。[illegible]叶色[illegible]，且带紫色。

3、花果成熟期延迟。

4、根系短小，[illegible]生长而减[illegible]之[illegible]。

5、果实呈古铜色。

80

5、种子久不成熟

禾穀類作物缺乏磷肥之現象為：

1、根部發育很變相。

2、葉肥而枝莖，分蘖數甚少。（為氮供給量足而缺磷之表現）

3、大麥缺磷較少者其葉面現灰白色，缺磷較多者其葉色現褐色且生斑點，缺磷量最重者其幹變紅而葉變紫色。

4、生長衰弱，缺長枝葉，但抽穗少。

5、穀不飽滿，故生產量低。

6、种子較輕而空虛，粃穀多。

六、蒸製骨粉施用於那些作物最為有效：蒸製骨粉對於氣候溫暖降雨量充足地肥效顯著，對於粘土及缺乏石灰質富有腐殖質（即土色帶黑褐色者）之粘土亦宜，對於一切作物皆為有效，而於稻、麥、豆類、根莖類、甘蔗、麻、李尤為有用。

（一）稻麥類、施用後：

1、可使未施骨粉者早一週成熟，產量每畝可增加六百斤左右

2、根部發達，伸入土中較深，生長良好。

3、穀粒飽滿而重，碾米多，產量豐富。

5、穀以蒸稻類具粉收穫定滿產量多施用產粉可能達到真正之產量。

（二）、菜葉類：生長速結實多味甘。

（三）、花卉：花大而色鮮艷

（四）、葡萄：產量高，而味佳。

（五）、果樹：產量多，耐儲藏，味美，色鮮明。

（六）、番茄：結實多，而味美。

（七）、馬鈴薯：產量多，而味甜

（八）、甘蔗：產量多，而糖汁豐富。

（九）、菜子：子飽滿，產量多。

（十）、花生豆子：產量高而脂肪與蛋白質多。

（十一）、棉花：結實多吐絮鮮，纖維長，產量多。

七、蒸製骨粉之施用量：（每畝）

水稻 三〇——四〇斤（每挑谷田施五斤——十斤）

大小麥 三〇——四〇斤

玉蜀黍（包穀）甘蔗 二〇——四〇斤

豆類 一五——三〇斤

81

甘蔗 六〇——一〇〇斤
棉 三〇——五〇斤
菸草 四〇——五〇斤
蕃茄菜菜每窝二两（约一把）
蕃葡 一五——九〇斤
果樹 八——一五〇斤
西瓜 五〇——一〇〇斤
菜子 三〇——四〇斤
花卉 每窩約二兩

八、蒸製骨粉的使用法：骨粉含磷每百斤含二十三斤，這是開花結實必要的東西，如果發現莖條、葉大而色黑綠，但葉面皺摺、葉質柔嫩，只是生長茂，結籽少，或是穀草多，穀子少，或是空壳多，這些情形即需用磷質的骨粉。

九、蒸製骨粉之施用，应當在播種或移植前十幾日撒勻墊下田中作為基肥。

十、施用法以施用前混於有機土粒（即肥土）加入尿水或污水使之醱酵，然後打碎使用之，骨粉之曾經醱酵施用較未醱酵者可增加其効用百分之七六，即半倍以上。

粉骨之前須將[illegible]特別[illegible]，然後用[illegible]打成長寸小塊（或碾成細粉）加等重骨粉及糞水，但此例亦可隨意增減，需氮肥者多加糞水及油粕，需燐肥者多加骨粉，混合均匀，堆積十幾天，待發熱腐爛，然後翻用打成粉粒，即可使用。

5、骨粉肥料主要作為基肥，若如上法與人糞尿油餅混合堆積醗酵調製者，可為二次用亦可第一次使用一半，在播种或移栽前用，第二次的一半在中耕除草時施下。

6、水稻施用法：

1、施於秧田：如（2）條或（3）條方法調製，和草木灰撒於秧田，然少送流插入本田為最宜。（是俗稱壟秧）

2、如四條調製，加草木灰再加人糞尿製成漿液，以秧苗根拌漿插入本田。（即俗稱拌秧）

3、移植前後將骨粉（或加人糞尿）撒施於田中，但不可排水。

7、麥田施用法：

1、基肥（a）：如3或4法調製後和以四倍的泥土混合均匀，用作掩蓋物，（b）將骨粉和以三四倍的細土混合均匀掩蓋麥种。

2、追肥：於第一次中耕時施用（在十二月或一月初）如第4法調製每

蒸制骨粉常识 9-1-219（100）

……施用六〇斤和人粪尿三种（约三〇〇斤）混合施用於根部。

十、果树施用法：

1.施用期：每年分春秋二季，发芽时前施用全量之七成，结果后施用全数之三成。

2.施用量 柑橘类 （每亩斤数）

树龄	6	8	10	12	14	16	18
A骨粉量	15	25	35	50	55	60	70
B人粪量	600	600	900	1000	1100	1200	1500
C草木灰	65	100	150	215	250	270	290

梨（每亩四五株） （每亩斤数）

树龄	2	4	5	8	10	12	14
A骨粉量	15	30	45	85	115	130	150
B油枯	60	50	90	180	200	260	280

葡萄 （每亩斤数）

树龄	2	3	4	5	6	7	8
骨粉	15	25	40	65	80	80	90

桃（每畝 株）（每畝斤數）

樹齡	3	6	6	8	30	以上	
骨粉量	7~10	25	30	40	50	65	
人糞尿	100	250	350	550	600	800	1000
草木灰	30	80	85	150	215	230	270

六、施用法：將骨粉利用点施或溝施法：施用於果園点施法為在根株附近，適當之地，掘若小穴，將骨粉施入於內；溝施法為在根株之近掘長條或短條之淺溝將骨粉施入於溝中，果園若單于施骨粉則可將人糞尿油粕等之氮係比例增加骨粉施用，其他作物施用法：

九、其他一般作物之施用可將骨粉直接施於根之四週作基肥栽培

十、施用骨粉增產之實例：廣西農事試驗場利用骨粉，施於小麥每畝施用四〇斤據該場試驗之結果，增加產量二六％。

四川省農業改進所，利用骨粉施用於小麥，每畝施用骨粉一六斤，增加小麥產量六〇斤才，約增加產量百分之六十，施用於水稻，每畝施用三十斤約增加產量百分之三〇左右。

十一、蒸製骨粉之副用途：蒸製骨粉之主要用途為用作肥料，一切情形，前已詳述之矣，其用途至今無形擴大，皆甚含磷百分之二十二，

蒸制骨粉常识　9-1-219（102）

83

及钙百分之二十两点，其用途至今可得而言者有数端：

一、用作饲料：供给充分之矿物质，尤其是石灰磷酸盐以应牲畜之需要，为饲养上最重要之问题，盖矿物质之主要用途有二：即组成骨骼，亦供给牲畜分泌各种消化液时所需的某种物质。且据饲料上研究之结果，饲料中所含石灰至少应和磷酸一样的多，否则骨头之适当营养，便受影响，然普通饲养料中含石灰及磷酸太少，[illegible]牲畜于构造骨头之材料缺乏言，仅含磷酸二、三〇，石灰〇、三〇，其含铁甚少，不过〇、〇九，所以在缺乏食得极多的牲畜，易于患软骨症，致骨软软病，故石灰及磷缺乏牲畜易患疾病，而两者之比例相差太大，亦必患此病。是以骨粉用作增加牲畜体中之矿物质，无有过之者，且牛羊饲骨粉之奶，亦富含石灰及磷，此种奶质对于人类健康，极有关系。一般家畜饲养骨粉的量大约如次：

牛马每日　八两
猪羊　四两
鸡鸭　二两

用来参杂在饲料内饲养之。

二、医药上作为提取含磷或他种药剂之原料。

乃工業上作爲製造藥及其他副作用之原料
以今日之用來增加含鈣、含磷食品之添加物。
本廠設置，非常完備，並用機器，製造骨粉、
肥效豐富，更有特長，不分地勢，不擇土壤、
山地平地，均可給施，田肥苗秀，較之青青、
蔬菜瓜果，樣樣適當，谷粒豐滿，果大味鮮、
倘要試用，功驗立彰，有利無害，磷肥之王、
欲求豐產，請用從速，備有解說，函請郵寄、

《论农业改进之方针》 9-1-274（52）

論農業改進之方針

農業為我國之主要職業，亦為我國農村重要企業，想如何開發如何改進，誠為今日亟待解決問題，有識之仕對此兩大政策，四大目標，為當前致力之方針，所謂兩大政策者，即農業研究與農業推廣是也，所謂四大目標，即增加人民衣食住行生產與發展國際貿易產品及促進工業原料生產，暨開發物力資源是也，以農業改進範圍之廣，內容又龐雜，故不能不分條論列之。

一、農業研究

農業為純粹科學之應用科學，易受自然因子之控制，我國農民，知識淺陋，不瞭科學一切應用方法，且患多守舊，固難改進，故農業改進，首以農業研究為尚為農業研究、其次調查實驗為主、缺乏研究則無改進之根本、是農業研究應為改進之大政策。

二、農業推廣

農業既有應用新子、並如何應用於農村農民、農業推廣是利器也、農業推廣之作用、即以研究所獲之優良結果、用迅速有效的方法、普遍實施於農村、農業推廣為農業改進之最後階段、無此過程則不能完成農業改進最終之目標、故農業推廣、亦為改進之一大政策。

三、四大目標

增加衣食住行的生產、現有稻麥雜糧及棉麻森林作物之改進、次獎勵國際貿易產品、乃有蠶絲茶葉

《论农业改进之方针》 9-1-274（54）

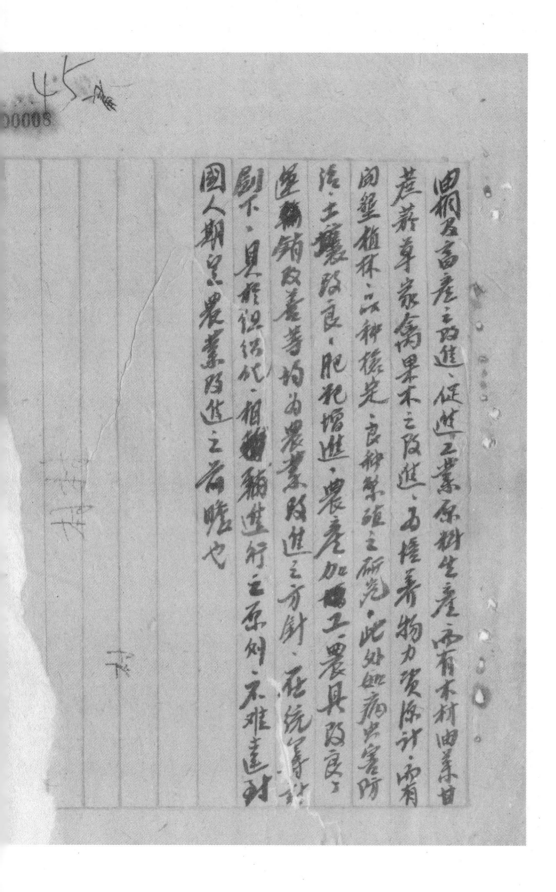

關於畜產之改進、促進工業原料生產，而有木材、油、桑、甘蔗、藥草、家禽、果木之改進，為增富物力資源計，而有園藝植林、以种籽選、良种繁殖之研究，此外如病虫害防治、土壤改良、肥料增進、農產加工、農具改良、運銷改善等，均為農業改進之方針。在統籌計劃下，具體組織化、相輔進行之原則，不難達到國人期望農業改進之前瞻也